固体废物危险特性

鉴别实例剖析

GUTI FEIWU WEIXIAN TEXING

JIANBIE SHILI POUXI

黄道建　杨文超　谢丹平　罗　隽　陈继鑫　钟昌琴　等 / 著

中国环境出版集团 · 北京

图书在版编目（CIP）数据

固体废物危险特性鉴别实例剖析 / 黄道建等著 . —北京：
中国环境出版集团，2022.9（2023.10 重印）
ISBN 978-7-5111-5342-5

Ⅰ. ①固…　Ⅱ. ①黄…　Ⅲ. ①危险废弃物—废物管理—
研究—中国　Ⅳ. ① X705

中国版本图书馆 CIP 数据核字（2022）第 173750 号

出 版 人　武德凯
责任编辑　宋慧敏
文字编辑　马丁冉
责任校对　薄军霞
封面设计　岳　帅

出版发行　中国环境出版集团
　　　　　（100062　北京市东城区广渠门内大街 16 号）
　　　　　网　　址：http：//www.cesp.com.cn
　　　　　电子邮箱：bjgl@cesp.com.cn
　　　　　联系电话：010-67112765（编辑管理部）
　　　　　发行热线：010-67125803，010-67113405（传真）
印　　刷　北京建宏印刷有限公司
经　　销　各地新华书店
版　　次　2022 年 9 月第 1 版
印　　次　2023 年 10 月第 2 次印刷
开　　本　787×960　1/16
印　　张　11.75
字　　数　173 千字
定　　价　58.00 元

中国环境出版集团郑重承诺：
中国环境出版集团合作的印刷单位、材料单位均具有中国环境标志产品认证。

前言

自改革开放以来，我国经济飞速发展，城市化进程不断推进，城市数量剧增、规模不断扩大，城镇人口逐年增多，国民生产总值逐年攀高，然而在经济发展取得了较大成就的同时，随之带来日益严重的自然资源短缺与环境污染问题，其中固体废物的种类和数量激增，所产生的危害也愈发严重，已成为制约人类社会和经济健康发展的一大难题。

20世纪80年代中期，我国开始重视固体废物管理工作，为解决资源约束困境问题和固体废物垃圾污染问题，出台了一系列的固体废物管理相关的法律法规和技术政策，对固体废物进行全过程监管，采用减量化、资源化、再利用化的处理方针，有效解决固体废物堆积污染问题，还"变废为宝"，创造新的资源，提高资源利用效率，形成经济生产低投入、高利用、高产出、少污染的经济模式。

近年来，我国对固体废物监管工作愈发重视，中央及省级生态环境保护督察工作持续发力，固体废物管理工作逐步规范，特别是《中华人民共和国固体废物污染环境防治法》（2020年修订版）出台后，针对固体废物的管理制度逐步完善。但是由于逐年增加的固体废物量以及大量的历史遗留问题，固体废物管理问题依旧是相关部门及企业在环境管理工作中的严峻挑战。一方面，由于固体废物属性不明确，部分企业在建设项目环境影响评价文件及环保验收中未对固体废物的危险属性进行判断，部分企业虽然在环境影响评价及环保验收文件中对固体废物危险属性进行了判断，但存在定性模糊或判定错误的情况；另一方面，由于危险废物的处置成本较高，非法转移、倾倒、处置危险废物的事件时有发生。在解决如何明确固体废物属性以及侦办环境事件涉及固体废物非法处置案件时，开展固体废物危险特性鉴别工作、出具危险特性鉴别报告已成为解决相关问题的关键。本书基于课题组相关固体废物危险特性鉴别成果整理而成。

本书内容体系完整、系统，紧密结合国内外最新研究进展与观点，对固体废物危险特性鉴别进行了系统论述和经验总结，具有较高的实用性。本书共分为8章，其中第1章由杨文超、丁炎军负责编写，第2章由罗隽、陈晓燕、杨文超负责编写，第3章由杨文超、陈继鑫、钟昌琴负责编写，第4章由黄道建、杨文超、陈继鑫负责编写，第5章由陈继鑫、丁炎军、李世平负责编写，第6章由李世平、杨文超、陈继鑫负责编写，第7章由丁炎军、谢丹平、陈晓燕负责编写，第8章由黄道建、杨文超负责编写。全书由黄道建、杨文超统稿。本书中相关案例的监测工作由生态环境部华南环境科学研究所华南生态环境监测分析中心承担，其中监测数据整理与监测报告、质控报告编写由陈晓燕、范芳、蒋炜玮负责，现场采样等工作由陶日铸、王旭光、陈强华、郑毅云等负责，检测分析工作由曹桐辉、杨思仁、陈爽燕、郑苑楠、杨迪、陈桂华、黄海林、黄忠坤、黄坤波、胡秀峰等负责。在本书编写过程中，承蒙固体废物研究领域的不少前辈和同行的热诚鼓励和支持，以及生态环境部华南环境科学研究所的支持，在此表示衷心感谢。

限于著者水平，书中不足之处在所难免，敬请广大读者批评指正。

著者

2022 年 9 月

目录

第 1 章

固体废物危险特性鉴别概述

1.1　固体废物概述

1.1.1　固体废物定义

固体废物是指在生产、生活和其他活动中产生的丧失原有利用价值或者虽未丧失利用价值但被抛弃或者放弃的固态、半固态和置于容器中的气态的物品、物质以及法律、行政法规规定纳入固体废物管理的物品、物质。

1.1.2　固体废物危险特性鉴别

危险废物指列入《国家危险废物名录》或者根据国家规定的危险废物鉴别标准和鉴别方法认定的具有危险特性的固体废物。根据《国家危险废物名录（2021 年版）》，具有下列情形之一的固体废物（包括液态废物），列入该名录：①具有腐蚀性、毒性、易燃性、反应性或者感染性等一种或者几种危险特性的；②不排除具有危险特性，但可能对环境或者人体健康造成有害影响，需要按照危险废物进行管理的。

我国固体废物危险特性鉴别应按照以下程序进行：

①依据相关法律规定和《固体废物鉴别标准　通则》（GB 34330—2017），判断待鉴别的物品、物质是否属于固体废物，经判断不属于固体废物的，则不属于危险废物。

②经判断属于固体废物的，首先依据《国家危险废物名录》鉴别。凡列入《国家危险废物名录》的固体废物，属于危险废物，不需要进行危险特性鉴别。

③未列入《国家危险废物名录》，但不排除具有腐蚀性、毒性、易燃性、反应性或者感染性等的固体废物，依据《危险废物鉴别标准　腐蚀性鉴别》（GB 5085.1—2007）、《危险废物鉴别标准　急性毒性初筛》

（GB 5085.2—2007）、《危险废物鉴别标准　浸出毒性鉴别》（GB 5085.3—2007）、《危险废物鉴别标准　易燃性鉴别》（GB 5085.4—2007）、《危险废物鉴别标准　反应性鉴别》（GB 5085.5—2007）和《危险废物鉴别标准　毒性物质含量鉴别》（GB 5085.6—2007）以及《危险废物鉴别技术规范》（HJ 298—2019）进行鉴别。凡具有腐蚀性、毒性、易燃性、反应性或者感染性等中一种或一种以上危险特性的固体废物，属于危险废物。

④对未列入《国家危险废物名录》且根据危险废物鉴别标准无法鉴别，但可能对人体健康或生态环境造成有害影响的固体废物，由国务院生态环境主管部门组织专家进行鉴别认定。

1.2　固体废物危险特性鉴别的发展历史及现状

1.2.1　国际

联合国环境规划署于 1989 年 3 月 22 日在瑞士巴塞尔组织召开世界环境保护会议，会议通过了《控制危险废物越境转移及其处置巴塞尔公约》（简称《巴塞尔公约》)，该公约于 1992 年 5 月正式生效。《巴塞尔公约》的目标是：第一，减少危险废物的产生，并推广对危险废物的环保处理方法；第二，限制除符合环保安全管理基本要求的危险废物之外的越境转移；第三，为符合危险废物越境转移的情况提供明确的监管体系。该公约明确了危险废物的定义、危险废物的类型、危险废物的特性等内容。

《巴塞尔公约》（以下简称《公约》）约定了越境转移所涉下列固体废物即为"危险废物"：一是《公约》附录一中所列固体废物；二是任一出口国、进口国或过境缔约国的国内立法确定或视为危险废物的，不包括在附录一内的固体废物。此外，《公约》附录二中还列出了三类需要特别关注的固体废物。

附件一"应加控制的废物类别"列出了 45 类受控危险废物。编号为 Y1～Y18 的 18 类废物为"Waste Streams"类。这类废物具有行业特征，是以来源命名的，主要包括临床废物、生产流通使用过程中产生的废药品、农药等 18 类。编号为 Y19～Y45 的 27 种废物为"Wastes having as constituents"类。这类废物具有成分特征，是以危害成分命名的，主要有含金属羰基化合物废物、含重金属废物、含有机溶剂废物、废有机氰化物等 27 类废物。

附录二特别关注的废物编号为 Y46～Y48，其中 Y46 为生活垃圾，Y47 为生活垃圾焚烧产生的二次固体废物，Y48 为塑料废物及其混合物。

《巴塞尔公约》定义了 14 种固体废物危险特性，主要包括爆炸性、易燃性、反应性、腐蚀性、感染性等。

1.2.2 国外

1.2.2.1 欧盟

欧盟环境政策是欧盟共同政策之一，是 20 世纪 70 年代以后逐步发展起来的，由一系列的法律、法规、行动计划和欧洲议会及欧盟委员会的建议组成。欧盟环境政策中存在与危险废物相关的政策内容，欧盟法律框架下与危险废物相关的指令可追溯到《废物框架指令》（75/442/EEC），其最新版本为 2018 年修订的《废物框架指令》（2008/98/EC）。

《废物框架指令》中定义了废物是指持有人丢弃、打算丢弃或要求丢弃的任何物质、物体，同时明确了一些不属于该废物指令管辖范围内的废物，如废气、废水、土壤、放射性废物、有其他指令专门管理的废物（如动物尸体等）。危险废物指废物具有该指令附件Ⅲ中所列一种或多种危险特性的废物，附录Ⅲ"被认为具有危险性的废物特性"中对危险废物所表现出来的危险特性进行了全面的描述，主要是从危险化学品所造成的风险及安全评价角度出发，列举了爆炸性、氧化性、易燃性（分为高度易燃和易燃）、刺激性、致癌性、致畸性、传染性、生物毒性等 14 种类型的危险特性，与《巴塞尔公约》定义的危险特性一致，编号为 H1～H14。同时该指令也明确了生活中产生的具有危险特性的废物不属于危险废物。针对《废物框架指令》（2008/98/EC）附件Ⅲ中所列的 14 类危险特性，欧盟 CLP 法规［（EC）No 1272/2008］和 REACH 法规［（EC）No 1907/2006］明确了相关的测试和判别方法。

《欧洲废物名录》（2001/118/EC）是欧盟制定的关于废物的清单，既包含危险废物，也包含一般的固体废物。此名录按 20 个不同行业列举了 849 种废物，其中编号前标有"*"的共有 404 种，属于危险废物，其他未标有"*"的属于一般固体废物。

1.2.2.2 美国

美国最早关于固体废物的法律可以追溯到 1965 年颁布的《固体废物处理法》，其现行的法律为 1976 年通过的《资源保护与修复法》（RCRA），此后通过多次的修订，形成了 1996 年的 RCRA。RCRA 第 3001 条明确了由美国国家环境保护局（U.S. Environmental Protection Agency，EPA）制定并颁布危险废物鉴别相关的标准和技术规范。《美国联邦法规》（CFR）第 40 篇第 260～273 部分明确危险废物识别、分类、产生、管理和处置的规定，其中 CFR 第 40 篇第 261 部分是固体废物危险特性鉴别相关的内容；CFR 第 40 篇第 261.2～261.4 部分对固体废物、危险废物以及不按固体废物和危险废物管理的对象进行了明确的规定；CFR 第 40 篇第 261.7 部分明确了空的危险废物盛装容器的危险废物属性识别方法；CFR 第 40 篇第 261.10～261.11 部分规定了固体废物危险特性鉴别相关流程标准；CFR 第 40 篇第 261.20～261.24 部分规定了危险废物的特性；CFR 第 40 篇第 261.30～261.31 部分列出了危险废物清单。

根据 CFR 第 40 篇第 261 部分，美国的危险废物鉴别程序、危险废物名录、危险特性鉴别、危险特性鉴别检测方法如下。

（1）危险废物鉴别程序

美国危险废物鉴别程序如图 1-1 所示。

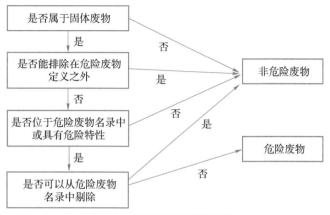

图 1-1　美国危险废物鉴别程序

　　由图 1-1 可知，美国危险废物的鉴别过程可概括为以下四点：即是否属于固体废物、是否能排除在危险废物定义之外、是否位于危险废物名录中或具有危险特性、是否可以从危险废物名录中剔除。

　　是否属于固体废物：如果可以确定鉴别对象不属于固体废物，就可以判定该废物不属于危险废物。CFR 第 40 篇第 261.4 部分列举了 24 种可以排除的固体废物，如放射性废物、使用过的阴极射线管等。

　　是否能排除在危险废物定义之外：如果可以确定鉴别对象不属于 CFR 第 40 篇第 261 部分中管理的废物，就可以判定该废物不属于危险废物。CFR 第 40 篇第 261.4 部分列出了 17 种可以排除的危险废物；与欧盟的管理政策类似，生活中产生的具有危险特性的废物不按照危险废物进行管理。

　　是否位于危险废物名录中或具有危险特性：如果前两步均无法排除危险特性，就要通过危险废物名录查询、危险特性测试来明确鉴别对象是否具有危险特性。

　　是否可以从危险废物名录中剔除：个别特殊来源的固体废物可能位于危险废物名单中，但是固体废物持有者如果有证据表明持有的固体废物不具有危险特性，也可以根据美国联邦法律向 EPA 申请从危险废物名录中除名。CFR 第 40 篇第 261 部分附录Ⅸ详细规定了将个别特殊来源的固体废物从危险废物名录中除名的规则。

（2）危险废物名录

CFR 第 40 篇第 261 部分列出了 F、K、P 和 U 四种危险废物名录清单。

F 清单指的是非特定来源的废物。包含废溶剂废物、电镀及其他金属精加工废料、含二噁英的废物、氯化脂肪烃废物、木材防腐废料、炼油厂废水处理污泥以及多源渗滤液 7 种废物。K 清单指的是特定来源的废物。K 清单包括了来自 13 个主要行业的危险废物，如无机颜料、有机化学品等。F 清单、K 清单包括 200 多种危险废物。

P 清单指的是来自废弃商业化学产品的急性危险废物，如废弃的丙烯醛溶液等。U 清单指的是来自废弃商业化学产品的危险废物，如废弃的硫双威等。P 清单、U 清单包括了 600 多种危险废物。

（3）危险特性鉴别

按照 EPA 颁布的鉴别标准，危险特性主要包括易燃性、腐蚀性、反应性和毒性四种类型。这主要是考虑危险废物产生者在判别时易于操作，并具有可行性。

易燃性的危险废物代码为 D001，易燃性的特征是闪点≤60℃的液体、在特定条件下会引起火灾的非液体、可燃压缩气体和氧化剂。

腐蚀性的危险废物代码为 D002，腐蚀性的特征是 pH≤2、pH≥12.5 或基于液体腐蚀钢的能力的水性废物。

反应性的危险废物代码为 D003，反应性的特征是在正常条件下可能不稳定，可能与水发生反应、可能释放出有毒气体，并且在正常条件下或加热时可能发生爆炸的废物。

毒性的危险废物代码为 D004～D043，毒性的特征是在摄入或吸收时是有害的、具备可能从废物中浸出并污染地下水的能力。

（4）危险特性鉴别检测方法

美国在 CFR 第 40 篇第 260 部分的附录 I 中规定了"代表性采样方法"，即：

非常黏的液体——美国材料与试验协会（ASTM）标准 D140；

粉碎或粉末材料——美国材料与试验协会（ASTM）标准 D346；

土壤或岩石材料——美国材料与试验协会（ASTM）标准 D420；

土壤材料——美国材料与试验协会（ASTM）标准 D1452；

飞灰材料——美国材料与试验协会（ASTM）标准 D2234；

盛装液体废物——在《美国环境监测方法》（SW-846）中描述的方法；

坑、池塘、氧化塘和类似的储液槽中的液体废物——在《美国环境监测方法》（SW-846）中描述的"槽采样器"。

危险特性的检测方法主要集中于 EPA 的出版物《美国环境监测方法》"固体废物评价检测方法——物理/化学方法"中。此出版物是由美国固体废物办公室编制的关于分析和取样方法的官方文件。针对美国提出的四种危险特性，《美国环境监测方法》给出了相应的检测方法，如表 1-1 所示。

表 1-1　美国危险特性检测方法

危险特性	检测方法
易燃性	SW-846 Test Method 1010A SW-846 Test Method 1020B SW-846 Test Method 1030
反应性	—
腐蚀性	SW-846 Test Method 1110A
毒性	SW-846 Test Method 1311

尽管 EPA 为一部分危险特性的鉴别提供了方法标准，但 EPA 并未要求固体废物持有者一定要按此方法检测。换句话说，固体废物持有者可以利用相关专业知识来判别是否属于危险废物，以代替昂贵的实验室检测。

1.2.3　国内

我国参考世界各国的普遍性鉴别检测方法，采用名录法、特性鉴别法相互补充的方式，形成了危险废物鉴别体系。

危险特性鉴别标准首次发布于 1996 年，包括《危险废物鉴别标准 腐蚀性鉴别》（GB 5085.1—1996）、《危险废物鉴别标准 急性毒性初筛》（GB 5085.2—1996）、《危险废物鉴别标准 浸出毒性鉴别》（GB 5085.3—1996）三项鉴别标准。其中，《危险废物鉴别标准 腐蚀性鉴别》（GB 5085.1—1996）主要规定了水溶性危险废物的腐蚀性鉴别，规定当危险废物水溶液 pH≥12.5 或 pH≤2.0 时，则为腐蚀性危险废物；《危险废物鉴别标准 浸出毒性鉴别》（GB 5085.3—1996）规定了汞、铅、铬、铜等 14 类以重金属为重点的危险废物浸出毒性鉴别限值；《危险废物鉴别标准 急性毒性初筛》（GB 5085.2—1996）规定，按照标准的实验方法，对实验鼠经口灌胃，48 h 后超过半数死亡的，则判定该危险废物属于急性毒性危险废物。

2007 年，国家环保总局对危险废物鉴别标准进行了第一次修订。在对危险废物的定义中，明确指出了危险特性，我国的危险废物鉴别标准包括易燃性、反应性、腐蚀性、浸出毒性、急性毒性和毒性物质含量 6 种特性鉴别标准。国家环保总局还制定了《危险废物鉴别标准 通则》（GB 5085.7—2007），规定了危险废物的鉴别程序和特殊规则要求。此外，《危险废物鉴别标准 腐蚀性鉴别》（GB 5085.1—2007）、《危险废物鉴别标准 急性毒性初筛》（GB 5085.2—2007）、《危险废物鉴别标准 浸出毒性鉴别》（GB 5085.3—2007）、《危险废物鉴别标准 易燃性鉴别》（GB 5085.4—2007）、《危险废物鉴别标准 反应性鉴别》（GB 5085.5—2007）、《危险废物鉴别标准 毒性物质含量鉴别》（GB 5085.6—2007）6 个标准规定了危险特性鉴别的标准和要求。

为了保证危险特性鉴别的科学性，2007 年，国家环保总局发布了《危险废物鉴别技术规范》（HJ/T 298—2007），对固体废物危险特性鉴别中样品的采集和检测以及检测结果的判定等程序流程做出了相应的技术要求。2019 年，生态环境部对《危险废物鉴别技术规范》（HJ/T 298—2007）进行了修订，发布了《危险废物鉴别技术规范》（HJ 298—2019），进一步完善了固体废物危险特性鉴别中样品的采集和检测以及检测结果的判定等程序流程中的技术要求。

《国家危险废物名录》（以下简称《名录》）于 1998 年首次颁布，分别在 2008 年和 2016 年进行了两次重大修订。从《名录》修订的历程上看，《名录》（2008 年版）主要完成了总体框架和《名录》认定的总体原则的制定，《名录》（2016 年版）主要基于当时的研究基础，针对环境管理中反映比较集中的、出现问题比较多的废物进行了修订，同时建立了基于风险评价的《名录》修订方法，补充了豁免管理机制。2019 年，面对危险废物管理工作新形势，生态环境部启动了《名录》修订工作。《国家危险废物名录（2021 年版）》自 2021 年 1 月 1 日起施行。《国家危险废物名录（2021 年版）》由正文、附表和附录 3 个部分构成。其中，正文规定原则性要求；附表规定具体危险废物种类、名称和危险特性等；附录规定危险废物豁免管理要求。《国家危险废物名录（2021 年版）》共计列入 467 种危险废物，较《名录》（2016 年版）的危险废物减少了 12 种。附录部分新增豁免 16 个种类的危险废物，豁免的危险废物增至 32 个种类。

2019 年，生态环境部修订并发布了《危险废物鉴别标准　通则》（GB 5085.7—2019），进一步明确了危险废物鉴别程序，细化了危险废物混合和利用处置后的判定规则。

（1）危险废物鉴别程序

依据相关法律规定和《固体废物鉴别标准　通则》（GB 34330—2017）判断待鉴别的物品、物质是否属于固体废物。不属于固体废物的，则不属于危险废物；如果经判断属于固体废物的，则按照《国家危险废物名录》鉴别，凡列入《国家危险废物名录》的固体废物，属于危险废物，不需要进行危险特性鉴别；未列入《国家危险废物名录》，但不排除具有腐蚀性、毒性、易燃性、反应性等特性的固体废物，依据 GB 5085.1—2007、GB 5085.2—2007、GB 5085.3—2007、GB 5085.4—2007、GB 5085.5—2007 和 GB 5085.6—2007 以及 HJ 298—2019 进行鉴别，凡具有腐蚀性、毒性、易燃性、反应性等特性中一种或一种以上危险特性的固体废物，属于危险废物；对未列入《国家危险废物名录》且根据危险废物鉴别标准无法鉴别但可能对人体健康或生态环境造成有害影响的固体废物，由国务院生态环境主管部门组织专家进行认定。

（2）危险废物混合后的判定规则

①具有毒性、感染性中一种或两种危险特性的危险废物与其他物质混合，导致危险特性扩散到其他物质中，混合后的固体废物属于危险废物。

②仅具有腐蚀性、易燃性、反应性中一种或一种以上危险特性的危险废物与其他物质混合，混合后的固体废物经鉴别不再具有危险特性的，不属于危险废物。

③危险废物与放射性废物混合，混合后的废物应按照放射性废物管理。

（3）危险废物利用处置后的判定规则

①仅具有腐蚀性、易燃性、反应性中一种或一种以上危险特性的危险废物利用过程和处置后产生的固体废物，经鉴别不再具有危险特性的，不属于危险废物。

②具有毒性危险特性的危险废物利用过程产生的固体废物，经鉴别不再具有危险特性的，不属于危险废物。除国家有关法规、标准另有规定的外，具有毒性危险特性的危险废物处置后产生的固体废物，仍属于危险废物。

③除国家有关法规、标准另有规定的外，具有感染性危险特性的危险废物利用处置后，仍属于危险废物。

1.3　鉴别依据

1.3.1　法律法规及政策文件

①《中华人民共和国环境保护法》；

②《中华人民共和国固体废物污染环境防治法》；

③《国家危险废物名录（2021 年版）》。

1.3.2　标准技术规范

①《危险废物鉴别技术规范》（HJ 298—2019）；
②《危险废物鉴别标准　腐蚀性鉴别》（GB 5085.1—2007）；
③《危险废物鉴别标准　急性毒性初筛》（GB 5085.2—2007）；
④《危险废物鉴别标准　浸出毒性鉴别》（GB 5085.3—2007）；
⑤《危险废物鉴别标准　易燃性鉴别》（GB 5085.4—2007）；
⑥《危险废物鉴别标准　反应性鉴别》（GB 5085.5—2007）；
⑦《危险废物鉴别标准　毒性物质含量鉴别》（GB 5085.6—2007）；
⑧《危险废物鉴别标准　通则》（GB 5085.7—2019）；
⑨《固体废物鉴别标准　通则》（GB 34330—2017）；
⑩《工业固体废物采样制样技术规范》（HJ/T 20—1998）；
⑪《固体废物　浸出毒性浸出方法　硫酸硝酸法》（HJ/T 299—2007）；
⑫《关于加强危险废物鉴别工作的通知》（环办固体函〔2021〕419 号）。

1.3.3　其他

环境影响报告书（表）等技术资料。

1.4　技术路线

根据《危险废物鉴别标准　通则》（GB 5085.7—2019），固体废物危险特性鉴别的技术路线如图 1-2 所示。

①依据《中华人民共和国固体废物污染环境防治法》、《固体废物鉴别标准　通则》（GB 34330—2017）判断待鉴别的物品、物质是否属于固体废物，不属于固体废物的，则不属于危险废物。

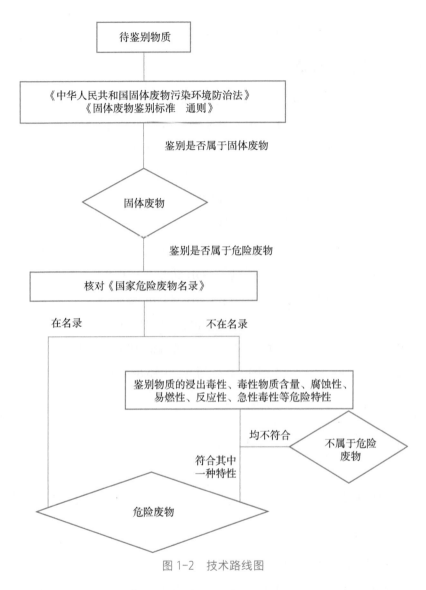

图 1-2　技术路线图

②经判断属于固体废物的，则依据《国家危险废物名录》判断。凡列入《国家危险废物名录》的固体废物属于危险废物，不需要再次进行危险特性鉴别。

③未列入《国家危险废物名录》，但不排除具有腐蚀性、毒性、易燃

性、反应性等特性的固体废物，依据 GB 5085.1—2007、GB 5085.2—2007、GB 5085.3—2007、GB 5085.4—2007、GB 5085.5—2007、GB 5085.6—2007 以及 HJ 298—2019 进行鉴别。凡具有腐蚀性、毒性、易燃性、反应性等特性中一种或一种以上危险特性的固体废物，属于危险废物。

④对未列入《国家危险废物名录》且根据危险废物鉴别标准无法鉴别的，但可能对人体健康或生态环境造成有害影响的固体废物，由国务院生态环境主管部门组织专家进行认定。

如果无法通过《国家危险废物名录》以及《危险废物鉴别标准　通则》（GB 5085.7—2019）中相关判定规则直接判定待鉴别的固体废物是否属于危险废物，需通过采样和检测分析确定固体废物是否具有危险特性。固体废物危险特性鉴别的流程为：现场踏勘→调研分析→样品初筛→编制鉴别方案→现场采样→实验室检测分析→危险特性判定→编制危险特性鉴别报告。

1.5　主要案例类型

按委托类型来划分，主要有企业生产、生活和其他活动中产生的固体废物危险特性鉴别以及环境事件涉及的非法转移、倾倒、贮存、利用、处置的固体废物危险特性鉴别两种案例类型。

第2章

环境事件涉及的固体废物危险特性鉴别

2.1 环境事件涉及的污泥危险特性鉴别

2.1.1 事件概况

2018 年 5 月，根据环保督查移交的线索，某地方环境保护局在当地某鱼塘发现一处固体废物倾倒点，现场发现有大量倾倒固体废物，执法人员在现场设置了警戒线。

根据现场调研，本次倾倒点原为一处鱼塘，现已被填平。现场情况如图 2-1 所示。根据现场踏勘情况，推测本次鉴别的固体废物为电镀污泥。

图 2-1 固体废物倾倒现场照片

2.1.2 要点、难点及解决方法

此案例为环保督查时移交的案件，时间紧、任务重。但由于违法倾倒的固体废物来源不明、倾倒时间较长，委托鉴别期间无相关线索资料，无法确定危险特性鉴别检测项目。

项目组根据现场固体废物性状，初步判定其为电镀污泥，拟进行浸出毒性检测。由于《危险废物鉴别标准 浸出毒性鉴别》（GB 5085.3—2007）中危害成分项目共计 50 项，若以全部指标进行检测，则耗时长、费用高；为尽可能缩短检测时间，拟采用 XRF 重金属元素快速检测仪对固体废物样品进行半定量检测，根据检测结果并结合《危险废物鉴别标准　浸出毒性鉴别》（GB 5085.3—2007）中危害成分项目，选取检测值较高的指标进行危险特性鉴别检测。

2.1.3　危险特性识别

2.1.3.1　固体废物属性判定

根据《中华人民共和国固体废物污染环境防治法》中的定义及《固体废物鉴别标准　通则》（GB 34330—2017）所列出的固体废物类别判断固体废物与非固体废物。

本次鉴别的物质为企业生产活动中产生的被抛弃或者放弃的固态、半固态物质，满足上述固体废物属性判定标准，故本次鉴别的物质属于固体废物。

2.1.3.2　鉴别因子的识别及识别依据

根据现场踏勘情况，推测本次鉴别的固体废物为电镀污泥。因此，本次危险特性鉴别项目初步定为浸出毒性。根据检测结果，再确定是否增加其他危险特性的鉴别。

现场使用 XRF 重金属元素快速检测仪对固体废物样品进行半定量检测，检测出固体废物样品中镍、铜、锌、镉、铅和总铬等的含量较高，故本次浸出毒性鉴别检测因子选择铜、锌、镉、铅、总铬和镍等。

2.1.4　案例分析

2.1.4.1　样品采集

根据《危险废物鉴别技术规范》（HJ/T 298—2007），采集样品的最小份样数如表 2-1 所示。

表 2-1　固体废物采集最小份样数

固体废物量 （以 q 表示）/t	最小份样数 / 个	固体废物量 （以 q 表示）/t	最小份样数 / 个
$q \leqslant 5$	5	$90 < q \leqslant 150$	32
$5 < q \leqslant 25$	8	$150 < q \leqslant 500$	50
$25 < q \leqslant 50$	13	$500 < q \leqslant 1\,000$	80
$50 < q \leqslant 90$	20	$q > 1\,000$	100

根据当地环境保护局提供的资料，该倾倒点固体废物量为 3 000 t 左右，根据表 2-1 可知需采集 100 个样品。采用挖掘机对鱼塘内固体废物进行开挖，所挖出固体废物平均分成 20 个样品堆，每个样品堆随机采集 5 个样品，样品编号为 WS1#～WS100#，采样布点如图 2-2 所示。

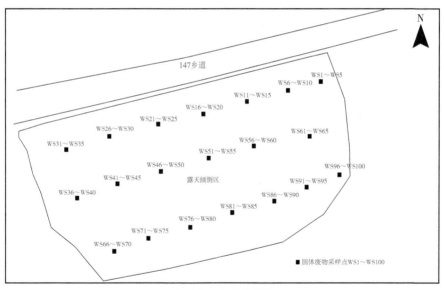

图 2-2　采样布点图

2.1.4.2　检测方案及鉴别标准

本次固体废物浸出毒性检测分析方法如表 2-2 所示。

表 2-2　浸出毒性检测分析方法

类别	项目	检测方法（标准）及编号	仪器名称及编号	方法检出限
固体废物	铅	《危险废物鉴别标准　浸出毒性鉴别》（GB 5085.3—2007）附录 C	原子吸收光谱仪（HB2016-Z061）	1 μg/L
	镉			0.2 μg/L
	铜	《危险废物鉴别标准　浸出毒性鉴别》（GB 5085.3—2007）附录 D		0.02 mg/L
	锌			0.005 mg/L
	镍			0.04 mg/L
	总铬			0.05 mg/L

根据《危险废物鉴别标准　浸出毒性鉴别》（GB 5085.3—2007）的规定，按照 HJ/T 299 制备的固体废物浸出液中任何一种危害成分含量超过表中所列的浓度限值，则判定该固体废物是具有浸出毒性特征的危险废物。鉴别标准限值如表 2-3 所示。

表 2-3　浸出毒性鉴别标准限值

序号	危害成分	浸出液中危害成分浓度限值/（mg/L）
1	铜（以总铜计）	100
2	锌（以总锌计）	100
3	镉（以总镉计）	1
4	铅（以总铅计）	5
5	总铬	15
6	镍（以总镍计）	5

2.1.4.3　检测分析结果

本次所采集样品的浸出毒性检测分析结果如表 2-4 所示。

本次固体废物危险特性鉴别共采集 100 个样品。检测结果显示，有 54 个样品浸出液的镍浓度超过《危险废物鉴别标准　浸出毒性鉴别》（GB 5085.3—2007）标准限值，有 36 个样品浸出液的铜浓度超过《危险废物鉴别标准　浸出毒性鉴别》（GB 5085.3—2007）标准限值。

表 2-4　固体废物浸出毒性检测分析结果　　　　　　单位：mg/L

采样编号	检测项目					
	铜	锌	镉	铅	总铬	镍
WS1#	96.6	4.27	0.007	0.002	0.52	2.98
WS2#	90.5	3.38	0.008	0.002	0.20	2.28
WS3#	88.6	12.2	0.012	0.002	0.19	**9.77**
WS4#	57.5	3.19	0.021	0.001	0.19	2.29
WS5#	93.1	42.2	0.023	0.001	0.22	**31.2**
WS6#	98.4	21.2	0.044	0.002	0.27	**17.4**
WS7#	72.4	3.59	0.038	0.002	0.15	2.55
WS8#	42.5	1.86	0.007	0.001	0.09	1.62
WS9#	80.0	2.25	0.007	0.005	0.35	1.61
WS10#	77.8	3.92	0.007	未检出	0.19	2.68
WS11#	63.4	3.46	0.007	0.003	0.36	2.14
WS12#	67.4	2.24	0.005	0.003	0.25	2.13
WS13#	81.0	2.99	0.006	0.002	0.22	2.42
WS14#	80.3	5.43	0.008	0.003	0.17	3.70
WS15#	72.8	3.38	0.007	0.003	0.18	2.89
WS16#	66.8	12.8	0.008	0.060	0.19	1.60
WS17#	95.8	5.26	0.008	0.002	0.20	3.75
WS18#	34.8	7.17	0.006	0.003	0.11	4.99
WS19#	88.5	3.55	0.006	0.003	0.21	2.55
WS20#	**102**	6.34	0.008	0.003	0.24	4.72
WS21#	64.4	2.68	0.005	0.002	0.16	2.34
WS22#	**125**	14.5	0.011	0.004	0.24	3.04
WS23#	74.1	4.60	0.008	0.001	0.16	2.90
WS24#	84.6	6.58	0.008	0.004	0.20	**5.03**
WS25#	88.6	8.47	0.007	0.002	0.18	**6.24**
WS26#	87.5	8.46	0.009	0.002	0.15	1.30

续表

采样编号	检测项目					
	铜	锌	镉	铅	总铬	镍
WS27#	65.2	3.21	0.008	0.002	0.17	2.08
WS28#	56.5	2.76	0.005	0.002	0.17	2.10
WS29#	99.4	9.44	0.008	0.003	0.18	**7.55**
WS30#	87.4	3.34	0.005	未检出	0.24	3.23
WS31#	90.4	11.8	0.009	0.003	0.20	**9.46**
WS32#	**101**	12.9	0.008	0.002	0.22	**10.6**
WS33#	79.1	2.97	0.006	0.001	0.23	2.43
WS34#	**107**	4.72	0.008	0.002	0.23	3.43
WS35#	94.5	3.75	0.006	0.002	0.26	3.61
WS36#	87.6	12.7	0.008	0.002	0.22	**9.21**
WS37#	82.9	2.57	0.005	未检出	0.31	2.60
WS38#	74.2	2.36	0.004	未检出	0.23	2.82
WS39#	82.7	2.99	0.006	未检出	0.24	1.23
WS40#	87.8	2.92	0.005	未检出	0.25	2.87
WS41#	95.2	10.2	0.009	0.002	0.45	**8.03**
WS42#	50.4	2.90	0.005	未检出	0.16	**8.58**
WS43#	**158**	66.0	0.037	0.001	0.62	**56.4**
WS44#	88.4	6.55	0.010	未检出	0.13	4.49
WS45#	**110**	47.4	0.035	0.001	1.78	**43.7**
WS46#	**120**	50.0	0.032	0.001	2.00	**46.9**
WS47#	**135**	46.0	0.026	0.004	1.47	**42.9**
WS48#	**129**	37.7	0.022	0.003	0.67	**33.9**
WS49#	**122**	24.9	0.016	0.002	0.49	**33.3**
WS50#	**124**	49.3	0.024	0.002	1.54	**45.5**
WS51#	32.2	5.06	0.007	未检出	未检出	3.60
WS52#	71.4	4.22	0.016	0.001	0.11	3.16

续表

采样编号	检测项目					
	铜	锌	镉	铅	总铬	镍
WS53#	**106**	22.5	0.028	0.002	0.28	**17.6**
WS54#	**113**	30.3	0.040	0.002	0.25	**24.1**
WS55#	**102**	13.0	0.036	未检出	0.10	**7.93**
WS56#	79.1	5.19	0.019	0.001	0.14	3.60
WS57#	**131**	36.9	0.044	0.002	0.32	**31.5**
WS58#	**120**	19.5	0.028	0.002	0.59	**15.2**
WS59#	**166**	43.6	0.036	0.002	0.62	**40.2**
WS60#	**126**	21.0	0.024	0.001	0.57	**15.8**
WS61#	**136**	20.4	0.026	0.004	1.04	**17.9**
WS62#	90.6	9.52	0.016	未检出	0.17	4.98
WS63#	92.4	11.6	0.026	未检出	0.24	**6.18**
WS64#	89.8	11.1	0.19	未检出	0.17	**5.85**
WS65#	**102**	7.23	0.018	0.001	0.37	4.17
WS66#	**191**	14.8	0.015	未检出	0.21	4.65
WS67#	97.5	7.66	0.017	未检出	0.17	4.69
WS68#	92.7	10.9	0.013	0.004	0.45	**8.45**
WS69#	**108**	13.7	0.018	0.002	0.16	**6.75**
WS70#	**112**	8.32	0.023	0.001	0.22	2.40
WS71#	74.4	7.43	0.014	未检出	0.13	4.68
WS72#	62.6	6.24	0.012	未检出	0.28	3.49
WS73#	88.2	27.8	0.022	未检出	0.20	**20.1**
WS74#	84.3	20.4	0.023	0.001	0.19	**20.4**
WS75#	68.8	14.1	0.018	未检出	0.18	**8.90**
WS76#	**124**	66.3	0.048	未检出	0.33	**51.8**
WS77#	**119**	27.9	0.020	0.001	0.37	**24.2**
WS78#	98.8	39.3	0.029	0.001	0.55	**33.9**

续表

采样编号	检测项目					
	铜	锌	镉	铅	总铬	镍
WS79#	**100**	30.3	0.025	未检出	0.33	**26.1**
WS80#	51.6	2.34	0.009	未检出	0.16	1.72
WS81#	**123**	36.3	0.029	0.004	0.23	**31.7**
WS82#	**134**	41.6	0.033	0.202	1.81	**40.1**
WS83#	62.7	55.3	0.023	0.024	0.53	**37.1**
WS84#	**124**	30.7	0.024	0.042	0.91	**26.0**
WS85#	**113**	33.0	0.024	0.017	0.48	**26.5**
WS86#	**123**	24.2	0.019	0.148	1.22	**21.2**
WS87#	77.4	24.0	0.023	0.005	2.12	**27.5**
WS88#	**132**	32.6	0.041	0.003	0.46	**24.8**
WS89#	87.0	42.3	0.037	0.002	0.25	**31.4**
WS90#	98.6	24.8	0.025	0.010	0.28	**22.2**
WS91#	**138**	27.6	0.025	0.058	0.77	**24.8**
WS92#	**126**	31.8	0.028	0.005	0.93	**27.2**
WS93#	**143**	38.0	0.032	0.002	1.54	**33.3**
WS94#	88.7	17.2	0.018	0.002	0.25	**12.1**
WS95#	79.6	14.2	0.022	0.001	0.22	**9.68**
WS96#	61.8	2.52	0.013	未检出	0.14	1.60
WS97#	68.1	2.56	0.011	0.001	0.13	1.31
WS98#	65.8	2.99	0.012	未检出	0.10	1.55
WS99#	**109**	27.0	0.019	0.011	1.29	**23.6**
WS100#	**124**	28.6	0.032	0.002	0.28	**21.7**
标准限值	100	100	1	5	15	5
超标份样数/个	**37**	0	0	0	0	**54**
超标份样数下限/个	22					

注：加粗数字为超标份样数。

2.1.4.4　结论

本次固体废物危险特性鉴别共采集 100 个样品。检测结果显示，有 54 个样品浸出液的镍浓度超过了《危险废物鉴别标准　浸出毒性鉴别》（GB 5085.3—2007）标准限值，有 37 个样品浸出液的铜浓度超过了《危险废物鉴别标准　浸出毒性鉴别》（GB 5085.3—2007）标准限值，均超过《危险废物鉴别标准　浸出毒性鉴别》（GB 5085.3—2007）中规定的超标份样数下限值（22 个）。故可以判定本次鉴别的固体废物为具有浸出毒性危险特性的危险废物，根据《国家危险废物名录》（2016 年版）的规定，建议按"900-000-46"进行归类管理。

由于该固体废物倾倒区无防渗措施，固体废物长期堆存易对土壤及地下水造成污染，建议相关部门按照国家相关危险废物处理处置规定，委托有相关资质的单位尽快处理此次堆存的具有浸出毒性危险特性的危险废物。在不能立即处置的情况下，应采取应急措施防止对周边环境造成污染，并对周边环境进行监测，开展环境损害评估。

2.2　环境事件涉及的废矿物油危险特性鉴别

2.2.1　事件概况

2021 年 5 月，某地生态环境保护综合执法局接到举报，某村公路旁有一处废机油回收工场涉嫌非法收集和处置固体废物。经现场勘查，该工场从事废矿物油类（废机油）、废铅酸蓄电池及废矿物油类包装容器的收集，以及废机油滤清器拆解，并无法提供相关环评审批和危险废物收集、贮存、利用、处置的许可。现场勘查发现该工场内有一台切割机，切割机上有未切割完成的废机油滤清器，旁边堆存已拆解的沾染废机油的滤清器和废滤芯、沾染废弃润滑油（矿物油）的废弃塑料桶。现场堆存有废弃汽车蓄电池、废弃摩托车蓄电池，废弃蓄电池为铅酸蓄电池，废弃铅酸蓄电池合计 124 个。此外，现场有 1 个地下储罐，现场抽取的储罐内样品为黏稠黑色油状物质，有杂质沉淀物并且散发出刺激性油气味道；样品晃动时流动性较差，用手触碰有拉丝现象，现场判断为典型的废矿物油类（废机油）物质；另外，暂扣在某派出所的货车内装有废润滑油（矿物油）的包装塑料瓶，经现场随机切开废包装塑料瓶，发现废塑料瓶内残留有黄色半透明润滑油（矿物油）和黑色润滑油（矿物油）。

初步判断现场堆存物质为疑似废矿物油，沾染废矿物油的塑料桶、塑料瓶、滤清器和废滤芯以及废铅酸蓄电池（如图 2-3 所示）。

图 2-3　工场现场堆存物质部分图

2.2.2　要点、难点及解决方法

本次案件现场待鉴别物质为疑似废矿物油，沾染废矿物油的塑料桶、塑料瓶、滤清器和废滤芯以及废铅酸蓄电池。其中，废弃蓄电池为铅酸蓄电池，属于明确列入《国家危险废物名录（2021 年版）》的危险废物（废铅蓄电池的废物类别为 HW31 含铅废物，废物代码为 900-052-31，危险特性为 T、C）。本次鉴别主要对现场发现的疑似废矿物油的液态物质进行定性分析。如何快速确定该物质是否具有危险特性是本案的重点、难点，根据现场勘查结果，该物质为油状物质，符合废矿物油的特点。如果判定该物质属于废矿物油，可以直接根据《国家危险废物名录（2021 年版）》判断其危险废物属性，所以本案未按危险废物鉴别流程依次检测该物质反应性、易燃性、腐蚀性、毒性等特性，而是对该物质矿物油含量进行检测，根据检测结果直接判定其是否为废矿物油类物质。

2.2.3　危险特性识别

2.2.3.1　固体废物属性判定

根据《中华人民共和国固体废物污染环境防治法》中的定义及《固体废物鉴别标准　通则》（GB 34330—2017）所列出的固体废物类别判断固体废物与非固体废物。

本次鉴别的物质为企业生产活动中产生的被抛弃或者放弃的液态物质，满足上述固体废物属性判定标准，故本次鉴别的物质属于固体废物。

2.2.3.2　鉴别因子的识别及识别依据

经现场勘查，现场堆存已拆解的沾染废机油的滤清器和废滤芯、沾染废弃润滑油（矿物油）的废弃塑料桶，以及废弃汽车蓄电池、废弃摩托车蓄电池，废弃蓄电池为铅酸蓄电池。此外，现场有 1 个地下储罐，现场抽取的储罐内样品为黏稠黑色油状物质，有杂质沉淀物并且散发出刺激性油气味道；样品晃动时流动性较差，用手触碰有拉丝现象。另外，被扣压的货车内装有废润滑油（矿物油）的包装塑料瓶，经现场随机切开废润滑油（矿物油）包装塑料瓶，发现废塑料瓶内残留有黄色半透明润滑油（矿物油）和黑色润滑油（矿物油）。

初步判断前述物质为疑似废矿物油，沾染废矿物油的塑料桶、塑料瓶、滤清器和废滤芯以及废铅酸蓄电池。鉴于已明确废铅酸蓄电池属性，本次鉴别主要对现场发现的液态疑似废矿物油进行采样检测，主要检测指标为"矿物油含量"。

2.2.4 案例分析

2.2.4.1 样品采集

根据《危险废物鉴别技术规范》（HJ 298—2019）、《危险废物鉴别标准　通则》（GB 5085.7—2019），本次鉴别采取随机采样法进行采样，随机采集 6 个有代表性样品。

2.2.4.2 检测方案

检测分析方法如表 2-5 所示。

表 2-5　检测分析方法

检测指标	分析方法
矿物油含量	《城市污水处理厂污泥检验方法》（CJ/T 221—2005；城市污泥　矿物油的测定　红外分光光度法）

2.2.4.3 检测分析结果

本次所采集样品的检测分析结果如表 2-6 所示。

表 2-6　矿物油含量检测分析结果

采样编号	检测结果	
	检测值 /（mg/kg）	含量 /%
WS1#	9.80×10^5	98.0
WS2#	9.84×10^5	98.4
WS3#	8.98×10^5	89.8
WS4#	8.56×10^5	85.6
WS5#	8.55×10^5	85.5
WS6#	9.96×10^5	99.6

从表 2-6 的矿物油含量检测结果可知，6 个样品的矿物油含量范围为 $8.55 \times 10^5 \sim 9.96 \times 10^5$ mg/kg（85.5%～99.6%），检测结果显示本次鉴别的液态物质为典型的废矿物油类物质（废机油）。

2.2.4.4　结论

结合生态环境主管部门案件笔录以及矿物油含量检测结果，本次鉴别的液态物质为典型的废矿物油类物质（废机油）。废矿物油属于《国家危险废物名录（2021 年版）》中的 HW08 废矿物油与含矿物油废物，废物类别为 HW08 废矿物油与含矿物油废物，废物代码为 900-249-08，危险特性为 T、I。

此外，非法收集和处置的沾染废润滑油（矿物油）的废包装塑料瓶和塑料桶、已拆解的沾染废机油滤清器和废滤芯也被明确列入了《国家危险废物名录（2021 年版）》，废物类别为"HW49 其他废物"中的"含有或沾染毒性、感染性危险废物的废弃包装物、容器、过滤吸附介质"，废物代码为 900-041-49，危险特性为 T/In。

现场发现的废弃蓄电池为废铅酸蓄电池，废铅酸蓄电池属于明确列入《国家危险废物名录（2021 年版）》的危险废物（废铅蓄电池的废物类别为 HW31 含铅废物，废物代码为 900-052-31，危险特性为 T、C）。

2.3　环境事件涉及的废液危险特性鉴别

2.3.1　事件概况

2021 年 3 月 15 日，有群众向有关部门反映居住地周边河水出现异味；接报后，当地生态环境局执法人员进行了现场执法检查。现场检查发现，河边有排污口正在排放废液。经排查核实，废液排放来源为某木制品加工场，该加工场后埋有 1 条排水管，废液通过管道由加工场内化粪池排入河流。其间，该加工场正计划搬走加工场内堆存的废液，执法人员进行了现场扣押。

2021 年 3 月 16 日，生态环境部华南环境科学研究所工作人员会同当地生态环境局等相关单位工作人员到该木制品加工场现场进行踏勘。经现场勘查，存放来源不明废液的车辆已被扣押并转移至附近停车场，加工场内地下化粪池及排放管道内残留有疑似废液。

堆存废液情况：一辆车车厢内 2 个桶中均残留有少量废液，另一辆车车厢内 15 个桶中有 8 个桶内装满废液，其余桶内残留有少量废液。

废液排放情况：废液通过埋在地下的管道，由该木制品加工场内化粪池排入河流，加工场内地下化粪池及排放管道内残留有疑似废液。

涉嫌非法排放废液案件现场如图 2-4 所示。根据当地生态环境局提供的相关资料，该木制品加工场非法排放的废液来源暂无法确定。

图 2-4　现场照片

2.3.2　要点、难点及解决方法

本案涉及的固体废物为液态不明物质，但现场堆存的固体废物来源不明，委托鉴别期间无相关线索资料，无法确定危险特性鉴别检测项目。

经现场勘查，桶内废液含较强烈的有机化学品味道。现场通过 pH 试纸对废液进行了快速检测，检测结果显示废液 pH 值为 5~6，可排除腐蚀性危险特性。暂拟定对固体废物的浸出毒性进行检测。根据检测结果，再确定是否开展其他危险特性的鉴别。

2.3.3　危险特性识别

2.3.3.1　固体废物属性判定

根据《中华人民共和国固体废物污染环境防治法》中的定义及《固体废物鉴别标准　通则》（GB 34330—2017）所列出的固体废物类别判断固体废物与非固体废物。

本次鉴别的物质为企业生产活动中产生的被抛弃或者放弃的液态物质，满足上述固体废物属性判定标准，故本次鉴别的物质属于固体废物。

2.3.3.2　鉴别因子的识别及识别依据

经现场勘查，桶内废液含较强烈的有机化学品味道。现场通过 pH 试纸对废液进行了快速检测，检测结果显示废液 pH 值为 5～6，可排除腐蚀性危险特性。故暂拟定对固体废物的浸出毒性进行检测。结合《危险废物鉴别标准　浸出毒性鉴别》（GB 5085.3—2007）所列出的危害成分检测项目表，浸出毒性检测因子选取无机元素（铜、铅、锌、镉、总铬、镍、汞、砷）、非挥发性有机化合物［硝基苯、二硝基苯、对硝基氯苯、2,4- 二硝基氯苯、五氯酚及五氯酚钠、苯酚、2,4- 二氯苯酚、2,4,6- 三氯苯酚、苯并（a）芘、邻苯二甲酸二丁酯、邻苯二甲酸二辛酯、多氯联苯］、挥发性有机化合物（苯、甲苯、乙苯、二甲苯、氯苯、1,2- 二氯苯、1,4- 二氯苯、丙烯腈、三氯甲烷、四氯化碳、三氯乙烯、四氯乙烯）等。

根据检测结果，再确定是否开展其他危险特性的鉴别。

2.3.4　案例分析

2.3.4.1　样品采集

根据《危险废物鉴别技术规范》（HJ 298—2019），因环境事件处理或应急处置要求，可适当减少采样份样数，每类固体废物的采样份样数不少于 5 个。根据现场勘查情况，车厢内堆存的废液气味、性状基本一致，故可认为此次鉴别的废液为同一类型固体废物。由于本次非法排放的废液无法溯源，现场勘查时发现车厢内共有 8 个桶内仍装满废液，其余桶内残留有少量废液，故本次固体废物危险特性鉴别采样主要针对上述 8 个桶内的废液。采样时，将取样器从容器中心位置垂直缓慢插入液面至容器底部，待取样器内装满液体后缓慢提出，将样品注入采样容器内。每个桶内采集 1 个混合样品，共采集 8 个有代表性样品（样品编号为 WS1#～WS8#）。另外，针对加工场内地下化粪池及排放管道内残留的疑似废液，各采集 1 个有代表性样品（样品编号分别为 WS9#、WS10#），现场采样照片如图 2-5 所示。

图 2-5　现场采样照片

2.3.4.2　检测方案及鉴别标准

本次浸出毒性检测分析方法如表 2-7 所示。

表 2-7　浸出毒性检测分析方法

检测对象	检测项目	检出限	检测依据
固体废物（浸出液）	浸出方法	—	《固体废物　浸出毒性浸出方法　硫酸硝酸法》（HJ/T 299—2007）
	硝基苯/（mg/L）	0.3	《固体废物　半挥发性有机物的测定　气相色谱-质谱法》（HJ 951—2018）
	对二硝基苯/（mg/L）	0.002	
	间二硝基苯/（mg/L）	0.001	
	邻二硝基苯/（mg/L）	0.002	
	对硝基氯苯/（mg/L）	0.001	
	2,4-二硝基氯苯/（mg/L）	0.002	

检测对象	检测项目	检出限	检测依据
固体废物 （浸出液）	五氯酚 /（mg/L）	0.003	《固体废物　半挥发性有机物的测定　气相色谱 - 质谱法》（HJ 951—2018）
	苯酚 /（mg/L）	0.001	
	2,4- 二氯苯酚 /（mg/L）	0.002	
	2,4,6- 三氯苯酚 /（mg/L）	0.002	
	苯并（a）芘 /（μg/L）	0.2	《固体废物　多环芳烃的测定　气相色谱 - 质谱法》（HJ 950—2018）
	邻苯二甲酸二丁酯 /（μg/L）	100	《固体废物　半挥发性有机物的测定　气相色谱 - 质谱法》（HJ 951—2018）
	邻苯二甲酸二辛酯 /（μg/L）	200	
	三氯甲烷 /（μg/L）	0.3	《固体废物　挥发性有机物的测定　顶空 / 气相色谱 - 质谱法》（HJ 643—2013）
	四氯化碳 /（μg/L）	0.2	
	三氯乙烯 /（μg/L）	0.2	
	苯 /（μg/L）	0.1	
	甲苯 /（μg/L）	0.2	
	四氯乙烯 /（μg/L）	0.1	
	氯苯 /（μg/L）	0.1	
	乙苯 /（μg/L）	0.1	
	间对二甲苯 /（μg/L）	0.2	
	邻二甲苯 /（μg/L）	0.1	
	1,4- 二氯苯 /（μg/L）	0.1	
	1,2- 二氯苯 /（μg/L）	0.3	
	丙烯腈 /（mg/L）	0.05	《固体废物　丙烯醛、丙烯腈和乙腈的测定　顶空 - 气相色谱法》（HJ 874—2017）
	PCB28/（μg/L）	0.09	《固体废物　多氯联苯的测定　气相色谱 - 质谱法》（HJ 891—2017）

续表

检测对象	检测项目	检出限	检测依据
固体废物（浸出液）	PCB52/（μg/L）	0.1	《固体废物 多氯联苯的测定 气相色谱－质谱法》（HJ 891—2017）
	PCB101/（μg/L）	0.1	
	PCB81/（μg/L）	0.1	
	PCB77/（μg/L）	0.09	
	PCB123/（μg/L）	0.08	
	PCB118/（μg/L）	0.2	
	PCB114/（μg/L）	0.1	
	PCB153/（μg/L）	0.09	
	PCB105/（μg/L）	0.09	
	PCB138/（μg/L）	0.08	
	PCB126/（μg/L）	0.09	
	PCB167/（μg/L）	0.1	
	PCB156/（μg/L）	0.1	
	PCB157/（μg/L）	0.09	
	PCB180/（μg/L）	0.1	
	PCB169/（μg/L）	0.2	
	PCB189/（μg/L）	0.1	
	砷/（mg/L）	3×10^{-4}	《固体废物 汞、砷、硒、铋、锑的测定 微波消解/原子荧光法》（HJ 702—2014）
	汞/（mg/L）	4×10^{-5}	
	镉/（mg/L）	0.01	《固体废物 22种金属元素的测定 电感耦合等离子体发射光谱法》（HJ 781—2016）
	铬/（mg/L）	0.02	
	铜/（mg/L）	0.01	
	镍/（mg/L）	0.02	
	铅/（mg/L）	0.03	
	锌/（mg/L）	0.01	

　　浸出毒性鉴别标准限值如表 2-8 所示。根据《危险废物鉴别标准　浸出毒性鉴别》（GB 5085.3—2007）的规定，按照 HJ/T 299 制备的固体废物浸出液中任何一种危害成分含量超过表中所列的浓度限值，则判定该固体废物是具有浸出毒性特征的危险废物。

表 2-8　浸出毒性鉴别标准限值

序号	危害成分	浸出液中危害成分浓度限值 / (mg/L)
1	铜（以总铜计）	100
2	铅（以总铅计）	5
3	锌（以总锌计）	100
4	总铬	15
5	镉（以总镉计）	1
6	镍（以总镍计）	5
7	汞（以总汞计）	0.1
8	砷（以总砷计）	5
9	硝基苯	20
10	二硝基苯	20
11	对硝基氯苯	5
12	2,4- 二硝基氯苯	5
13	五氯酚及五氯酚钠（以五氯酚计）	50
14	苯酚	3
15	2,4- 二氯苯酚	6
16	2,4,6- 三氯苯酚	6
17	苯并（a）芘	0.000 3
18	邻苯二甲酸二丁酯	2
19	邻苯二甲酸二辛酯	3
20	多氯联苯	0.002
21	苯	1

序号	危害成分	浸出液中危害成分浓度限值 /（mg/L）
22	甲苯	1
23	乙苯	4
24	二甲苯	4
25	氯苯	2
26	1,4- 二氯苯	4
27	1,2- 二氯苯	4
28	丙烯腈	20
29	三氯甲烷	3
30	四氯化碳	0.3
31	三氯乙烯	3
32	四氯乙烯	1

2.3.4.3　检测分析结果

本次所采集样品的浸出毒性检测分析结果如表 2-9 所示。

检测结果显示，本次针对堆存废液采集的 8 个样品的二甲苯和苯酚浸出毒性检测结果以及其中 2 个样品的乙苯浸出毒性检测结果超过《危险废物鉴别标准　浸出毒性鉴别》（GB 5085.3—2007）的相应限值。

本次针对加工场内地下化粪池及排放管道内残留的疑似废液采集的样品检测结果显示，2 个样品的苯酚浸出毒性检测结果超过《危险废物鉴别标准　浸出毒性鉴别》（GB 5085.3—2007）的相应限值，二甲苯、乙苯浸出毒性均有检出，与本次鉴别采集的 8 个废液样品特征污染物具有高度相似性。根据现场执法记录和排放废液走向，结合检测结果可推测，加工场内地下化粪池及排放管道内残留的疑似废液与堆存在停车场内的废液为同一类物质。

表 2-9　固体废物浸出毒性检测分析结果

检测项目	WS1#	WS2#	WS3#	WS4#	WS5#	WS6#	WS7#	WS8#	WS9#	WS10#	标准限值 / (mg/L)
铜 / (mg/L)	0.02	0.02	0.02	未检出	未检出	未检出	未检出	未检出	未检出	未检出	100
铅 / (mg/L)	0.05	0.04	0.04	未检出	未检出	未检出	未检出	未检出	未检出	未检出	5
锌 / (mg/L)	0.17	0.66	0.04	0.06	0.08	0.1	0.08	0.16	0.03	0.12	100
总铬 / (mg/L)	未检出	0.08	未检出	未检出	未检出	未检出	未检出	未检出	未检出	未检出	15
镉 / (mg/L)	未检出	未检出	未检出	未检出	未检出	未检出	未检出	未检出	未检出	未检出	1
镍 / (mg/L)	0.02	未检出	未检出	未检出	未检出	未检出	0.04	未检出	未检出	0.04	5
汞 / (mg/L)	1.0×10^{-4}	7×10^{-5}	未检出	未检出	1.0×10^{-4}	7×10^{-5}	未检出	未检出	未检出	4×10^{-5}	0.1
砷 / (mg/L)	未检出	未检出	未检出	未检出	未检出	未检出	未检出	未检出	8×10^{-4}	5.5×10^{-3}	5
硝基苯 / (mg/L)	未检出	未检出	未检出	未检出	未检出	未检出	未检出	未检出	未检出	未检出	20
对二硝基苯 / (mg/L)	未检出	未检出	未检出	未检出	未检出	未检出	未检出	未检出	未检出	未检出	20
间二硝基苯 / (mg/L)	未检出	未检出	未检出	未检出	未检出	未检出	未检出	未检出	未检出	未检出	20
邻二硝基苯 / (mg/L)	未检出	未检出	未检出	未检出	未检出	未检出	未检出	未检出	未检出	未检出	20
对硝基氯苯 / (mg/L)	未检出	未检出	未检出	未检出	未检出	未检出	未检出	未检出	未检出	未检出	5

检测项目	WS1#	WS2#	WS3#	WS4#	WS5#	WS6#	WS7#	WS8#	WS9#	WS10#	标准限值 /（mg/L）
2,4-二硝基氯苯 /（mg/L）	未检出	未检出	未检出	未检出	未检出	未检出	未检出	未检出	未检出	未检出	5
五氯酚 /（mg/L）	未检出	未检出	未检出	未检出	未检出	未检出	未检出	未检出	未检出	未检出	50
苯酚 /（mg/L）	75.6	39.6	85.4	110	143	15.2	62.2	92.4	4.08	23.6	3
2,4-二氯苯酚 /（mg/L）	未检出	未检出	未检出	未检出	未检出	未检出	未检出	未检出	未检出	未检出	6
2,4,6-三氯苯酚 /（mg/L）	未检出	未检出	未检出	未检出	未检出	未检出	未检出	未检出	未检出	未检出	6
苯并（a）芘 /（μg/L）	未检出	未检出	未检出	未检出	未检出	未检出	未检出	未检出	未检出	未检出	0.000 3
邻苯二甲酸二丁酯 /（μg/L）	未检出	未检出	未检出	未检出	未检出	未检出	未检出	未检出	未检出	未检出	2
邻苯二甲酸二辛酯 /（μg/L）	未检出	未检出	未检出	未检出	未检出	未检出	未检出	未检出	未检出	未检出	3
PCB28/（μg/L）	未检出	未检出	未检出	未检出	未检出	未检出	未检出	未检出	未检出	未检出	0.002
PCB52/（μg/L）	未检出	未检出	未检出	未检出	未检出	未检出	未检出	未检出	未检出	未检出	0.002
PCB101/（μg/L）	未检出	未检出	未检出	未检出	未检出	未检出	未检出	未检出	未检出	未检出	0.002
PCB81/（μg/L）	未检出	未检出	未检出	未检出	未检出	未检出	未检出	未检出	未检出	未检出	0.002

续表

检测项目	WS1#	WS2#	WS3#	WS4#	WS5#	WS6#	WS7#	WS8#	WS9#	WS10#	标准限值 / （mg/L）
PCB77/（μg/L）	未检出	未检出	未检出	未检出	未检出	未检出	未检出	未检出	未检出	未检出	0.002
PCB123/（μg/L）	未检出	未检出	未检出	未检出	未检出	未检出	未检出	未检出	未检出	未检出	0.002
PCB118/（μg/L）	未检出	未检出	未检出	未检出	未检出	未检出	未检出	未检出	未检出	未检出	0.002
PCB114/（μg/L）	未检出	未检出	未检出	未检出	未检出	未检出	未检出	未检出	未检出	未检出	0.002
PCB153/（μg/L）	未检出	未检出	未检出	未检出	未检出	未检出	未检出	未检出	未检出	未检出	0.002
PCB105/（μg/L）	未检出	未检出	未检出	未检出	未检出	未检出	未检出	未检出	未检出	未检出	0.002
PCB138/（μg/L）	未检出	未检出	未检出	未检出	未检出	未检出	未检出	未检出	未检出	未检出	0.002
PCB126/（μg/L）	未检出	未检出	未检出	未检出	未检出	未检出	未检出	未检出	未检出	未检出	0.002
PCB167/（μg/L）	未检出	未检出	未检出	未检出	未检出	未检出	未检出	未检出	未检出	未检出	0.002
PCB156/（μg/L）	未检出	未检出	未检出	未检出	未检出	未检出	未检出	未检出	未检出	未检出	0.002
PCB157/（μg/L）	未检出	未检出	未检出	未检出	未检出	未检出	未检出	未检出	未检出	未检出	0.002
PCB180/（μg/L）	未检出	未检出	未检出	未检出	未检出	未检出	未检出	未检出	未检出	未检出	0.002
PCB169/（μg/L）	未检出	未检出	未检出	未检出	未检出	未检出	未检出	未检出	未检出	未检出	0.002
PCB189/（μg/L）	未检出	未检出	未检出	未检出	未检出	未检出	未检出	未检出	未检出	未检出	0.002
三氯甲烷 /（μg/L）	未检出	未检出	未检出	未检出	未检出	未检出	未检出	未检出	未检出	未检出	3

续表

检测项目	WS1#	WS2#	WS3#	WS4#	WS5#	WS6#	WS7#	WS8#	WS9#	WS10#	标准限值/(mg/L)
四氯化碳/(μg/L)	未检出	未检出	未检出	未检出	未检出	未检出	未检出	未检出	未检出	未检出	0.3
苯/(μg/L)	11.2	7.2	18.9	6.6	42.1	7.5	23.9	27.3	2.0	14.5	1
三氯乙烯/(μg/L)	未检出	未检出	未检出	未检出	未检出	未检出	未检出	未检出	未检出	未检出	3
甲苯/(μg/L)	37.6	235	97.3	未检出	132	233	401	108	9.7	220	1
四氯乙烯/(μg/L)	未检出	未检出	未检出	未检出	2.7	未检出	未检出	未检出	未检出	未检出	1
氯苯/(μg/L)	未检出	未检出	未检出	未检出	未检出	未检出	未检出	未检出	未检出	未检出	2
乙苯/(μg/L)	1.15×10^3	2.80×10^3	1.82×10^3	1.04×10^4	4.97×10^3	2.01×10^3	3.61×10^3	1.92×10^3	392	3.31×10^3	4
二甲苯/(μg/L)	5.82×10^3	1.71×10^4	9.28×10^3	6.07×10^4	3.07×10^4	1.10×10^4	2.28×10^4	9.95×10^3	2.05×10^3	397	4
1,4-二氯苯/(μg/L)	未检出	未检出	未检出	未检出	未检出	未检出	未检出	未检出	未检出	未检出	4
1,2-二氯苯/(μg/L)	未检出	未检出	未检出	未检出	未检出	未检出	未检出	未检出	未检出	未检出	4
丙烯腈/(mg/L)	未检出	未检出	未检出	未检出	未检出	未检出	未检出	未检出	未检出	未检出	20

2.3.4.4　结论

根据《固体废物鉴别标准　通则》（GB 34330—2017）、《危险废物鉴别技术规范》（HJ 298—2019）、《危险废物鉴别标准　通则》（GB 5085.7—2019）和 1.3.2 节中②～⑦的标准，对本次鉴别对象进行危险特性鉴别，形成的鉴别结论如下。

根据现场废液性状，本次危险特性鉴别检测因子主要选取《危险废物鉴别标准　浸出毒性鉴别》（GB 5085.3—2007）中的无机元素、非挥发性有机化合物和挥发性有机化合物。检测结果显示，本次采集的 8 个样品的二甲苯、苯酚浸出毒性检测结果均超过《危险废物鉴别标准　浸出毒性鉴别》（GB 5085.3—2007）的相应限值，可判断该木制品加工场非法排放的来源不明废液具有二甲苯、苯酚浸出毒性危险特性，根据《国家危险废物名录（2021 年版）》的规定，建议将其废物代码编为"900-000-06"，危险特性为"T"。

检测结果显示，在该加工场内地下化粪池及排放管道内采集的 2 个废液样品的苯酚浸出毒性检测结果超过《危险废物鉴别标准　浸出毒性鉴别》（GB 5085.3—2007）的相应限值，二甲苯、乙苯浸出毒性检测结果均较高，与本次鉴别采集的 8 个废液样品特征污染物具有高度相似性。根据现场执法记录和排放废液走向，结合检测结果可推测，加工场内地下化粪池及排放管道内残留的疑似废液与堆存在附近停车场内的废液为同一类物质，与上述废物统一代码编为"900-000-06"，危险特性为"T"。

2.4　环境事件涉及的污染土壤危险特性鉴别

2.4.1　事件概况

2021 年 11 月，某地方派出所接到报警，该地某村道旁有倾倒的具有刺激性气味并混杂黏稠胶状物的土壤混合物。经当地派出所工作人员现场调查及查看涉嫌非法倾倒者询问笔录，明确该有刺激性气味并混杂黏稠胶状物的土壤混合物是由该地某村鱼塘运至村道旁非法倾倒。非法倾倒事件具体情况：朱某某委托王某某从某镇垃圾中转站附近一处加工场运输一批具有刺激性气味并呈黏稠胶状的废渣至该村空置鱼塘倾倒，并利用土壤对倾倒在鱼塘的废渣进行覆盖填平。由于填埋废渣散发出刺激性气味，遭附近村民强烈反对后，将部分有刺激性气味并混杂黏稠胶状物的土壤混合物转移至村道旁倾倒。

根据现场调查结果，在倾倒点 1（该村鱼塘倾倒点），该村委会已使用彩条布将倾倒点进行覆盖，固体废物表观为黄土状，散发刺激性有机溶剂气味。经使用挖掘机开挖，发现混杂黏稠胶状物的土壤混合物，散发出强烈的刺激性气味。在倾倒点 2（该村道旁山坳倾倒点），已使用白色透明薄膜将倾倒点进行覆盖，固体废物表观为黄土状，散发刺激性有机溶剂气味，现场同样发现混杂黏稠胶状物的土壤混合物，散发出强烈的刺激性气味。倾倒点如图 2-6 所示。

图 2-6　倾倒点示意图

2.4.2　要点、难点及解决方法

本案涉及的固体废物为被不明物质污染的土壤，由于涉案的加工场未办理任何相关手续，无法得知其具体原辅料来源情况。

为确定检测指标，根据当地生态环境局提供的口供、倾倒现场踏勘及加工场溯源情况，结合对现场倾倒固体废物的颜色、气味、形态识别，初步判断本次鉴别的固体废物为废有机溶剂混合物蒸馏残渣（黏稠胶状固体废物）。故拟定对固体废物的浸出毒性进行检测。

2.4.3　危险特性识别

2.4.3.1　固体废物属性判定

根据《中华人民共和国固体废物污染环境防治法》中的定义及《固体废物鉴别标准　通则》（GB 34330—2017）所列出的固体废物类别判断固体废物与非固体废物。

本次鉴别的物质为企业生产活动中产生的被抛弃或者放弃的液态物质，满足上述固体废物属性判定标准，故本次鉴别的物质属于固体废物。

2.4.3.2 鉴别因子的识别及识别依据

根据《危险废物鉴别技术规范》（HJ 298—2019）的规定，固体废物危险特性鉴别因子依据固体废物的产生源特性确定。根据固体废物的产生过程可以确定，不存在的特性项目或者不存在、不产生的毒性物质不进行检测。无法确认固体废物是否存在标准规定的危险特性或毒性物质时，按照下列顺序选择可能存在的主要危险特性进行检测。

①反应性、易燃性、腐蚀性检测；

②浸出毒性中无机物质项目的检测；

③浸出毒性中有机物质项目的检测；

④毒性物质含量鉴别项目中无机物质项目的检测；

⑤毒性物质含量鉴别项目中有机物质项目的检测；

⑥急性毒性鉴别项目的检测。

根据朱某某口供、倾倒现场踏勘及加工场溯源情况，结合对现场倾倒固体废物的颜色、气味、形态识别，初步判断本次鉴别的固体废物为废有机溶剂混合物蒸馏残渣（黏稠胶状固体废物）。故拟定对固体废物的浸出毒性进行检测。结合《危险废物鉴别标准　浸出毒性鉴别》（GB 5085.3—2007）所列危害成分检测项目表，浸出毒性检测因子选取非挥发性有机化合物〔硝基苯、二硝基苯、对硝基氯苯、2,4- 二硝基氯苯、五氯酚及五氯酚钠、苯酚、2,4- 二氯苯酚、2,4,6- 三氯苯酚、苯并（a）芘、邻苯二甲酸二丁酯、邻苯二甲酸二辛酯、多氯联苯〕、挥发性有机化合物（苯、甲苯、乙苯、二甲苯、氯苯、1,2- 二氯苯、1,4- 二氯苯、丙烯腈、三氯甲烷、四氯化碳、三氯乙烯、四氯乙烯）等。

根据检测结果，再确定是否开展其他危险特性的鉴别。

2.4.4 案例分析

2.4.4.1 非法倾倒固体废物源头溯源

根据委托方提供的资料，涉嫌非法倾倒固体废物的加工场位于该地某村垃圾中转站对面，属于"三无"（即无工商营业执照、无生产许可证、无排污许可证）加工场。经现场踏勘及当地生态环境局提供资料，该加工场现场及倾倒点 1、倾倒点 2 废渣图片如图 2-7 所示。

加工场简易大门及围墙

成品罐、冷却水罐及蒸馏釜

疑似废有机溶剂预处理池

用于提供蒸汽的烧柴锅炉

疑似残渣收集设施

疑似残渣收集设施

蒸馏釜底部有刺激性气味黏稠胶状废渣

加工场现场有刺激性气味黏稠胶状废渣

加工场现场有刺激性气味黏稠胶状废渣　　加工场现场有刺激性气味黏稠胶状废渣

 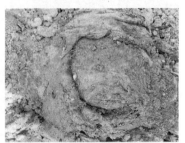

倾倒点 2 有刺激性气味黏稠胶状废渣　　倾倒点 1 有刺激性气味黏稠胶状废渣

图 2-7　加工场现场及倾倒点 1、倾倒点 2 废渣图片

（1）生产工艺及产污环节

由于该加工场属于"三无"加工场，无法取得该加工场详细的生产资料。根据加工场现场残留的生产设备、辅料、废渣等信息，结合嫌疑人口供，对加工场废有机溶剂混合物（包括工业生产中作为清洗剂、萃取剂、溶剂或反应介质使用后废弃的有机溶剂、卤化溶剂、其他列入《危险化学品目录》的有机溶剂，以及在使用前混合的含有一种或多种上述溶剂的混合/调和溶剂）生产工艺流程及产污环节进行推测。经过推测，其工艺流程如图 2-8 所示。

（2）工艺流程推测

根据嫌疑人口供、倾倒现场踏勘及加工场溯源情况，结合目前废有机溶剂回收企业的生产工艺、生产设备、添加辅料等，推断本次鉴别的固体废物的工艺流程和产污环节情况。工艺流程推测如下。

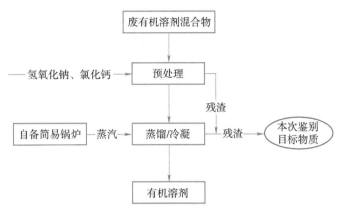

图 2-8　疑似加工场废有机溶剂混合物蒸馏回收及产污流程示意图

预处理：由于废有机溶剂混合物含有杂质及水分较多，根据废有机溶剂混合物回收过程中预处理工艺环节需要及现场残留的化学品包装袋，推断该加工场在预处理环节加入了氢氧化钠和氯化钙，这两种物质起到脱水作用。此预处理过程中产生的沉淀物等作为残渣排出，该残渣即为本次待鉴别的非法倾倒废物。

蒸馏/冷凝：根据废有机溶剂混合物蒸馏再生利用工艺，结合现场遗留的蒸馏釜、简易锅炉等，推断加工场将经过预处理的废有机溶剂混合物加入蒸馏釜蒸馏，蒸馏过程中的热源为自备简易锅炉。蒸馏过程会产生蒸馏残渣，该残渣即为本次待鉴别的非法倾倒废物。

（3）溯源结果小结

根据涉嫌非法倾倒者口供、倾倒现场踏勘及加工场溯源情况，结合对现场倾倒固体废物的颜色、气味、形态识别，初步判断本次鉴别的固体废物为废有机溶剂混合物蒸馏残渣（黏稠胶状固体废物）。非法加工场现场踏勘发现的残渣与非法倾倒点废渣从颜色、气味、性状可以确定为同一种物质，结合当地派出所提供的情况说明，印证此次涉嫌非法倾倒的固体废物为废有机溶剂混合物蒸馏产生的废渣。

2.4.4.2　样品采集

根据《危险废物鉴别技术规范》（HJ 298—2019），因环境事件处理或应急处置要求，可适当减少采样份样数，每类固体废物的采样份样数不少于5个。本次固体废物属性鉴别拟对倾倒点1（该村鱼塘倾倒点）进行采样布点，采样方式采用简单随机采样法，选取3个点位、使用挖掘机进行开挖，每个点按上层、下层进行采样，边开挖边辨识，再根据每个采样点开挖固体废物的颜色、形态、气味等采集有代表性样品。具体采样情况如表2-10所示。

表2-10　采样情况一览表

序号	采样坑号	样品编号	采样份样数/个	备注
1	WS1#	WS1#-1、WS1#-2	2	固体废物
2	WS2#	WS2#-1、WS2#-2	2	固体废物
3	WS3#	WS3#-1	1	固体废物
合计			5	

2.4.4.3　检测方案

本次主要检测项目为浸出毒性，其中挥发性有机化合物有苯、甲苯、乙苯、二甲苯、氯苯、1,2-二氯苯、1,4-二氯苯、丙烯腈、三氯甲烷、四氯化碳、三氯乙烯、四氯乙烯；非挥发性有机化合物有硝基苯、二硝基苯、对硝基氯苯、2,4-二硝基氯苯、五氯酚及五氯酚钠（以五氯酚计）、苯酚、2,4-二氯苯酚、2,4,6-三氯苯酚、苯并（a）芘、邻苯二甲酸二丁酯、邻苯二甲酸二辛酯、多氯联苯。检测分析方法如表2-11所示。

表2-11　检测分析方法

检测对象	检测项目	检出限	检测依据
固体废物	浸出方法	—	《固体废物　浸出毒性浸出方法　硫酸硝酸法》（HJ/T 299—2007）

检测对象	检测项目		检出限	检测依据
固体废物（浸出液）挥发性有机化合物	苯 /（μg/L）		0.1	《固体废物　挥发性有机物的测定　顶空 / 气相色谱 - 质谱法》（HJ 643—2013）
	甲苯 /（μg/L）		0.2	
	乙苯 /（μg/L）		0.1	
	二甲苯	间 - 二甲苯、对 - 二甲苯 /（μg/L）	0.2	
		邻 - 二甲苯 /（μg/L）	0.1	
	氯苯 /（μg/L）		0.1	
	1,2- 二氯苯 /（μg/L）		0.3	
	1,4- 二氯苯 /（μg/L）		0.1	
	丙烯腈 /（μg/L）		0.5	《危险废物鉴别标准　浸出毒性鉴别》（GB 5085.3—2007）附录 O　固体废物　挥发性有机化合物的测定　气相色谱 / 质谱法
	三氯甲烷 /（μg/L）		0.3	《固体废物　挥发性有机物的测定　顶空 / 气相色谱 - 质谱法》（HJ 643—2013）
	四氯化碳 /（μg/L）		0.2	
	三氯乙烯 /（μg/L）		0.2	
	四氯乙烯 /（μg/L）		0.1	
固体废物（浸出液）非挥发性有机化合物	硝基苯 /（mg/L）		0.3	《固体废物　半挥发性有机物的测定　气相色谱 - 质谱法》（HJ 951—2018）
	二硝基苯 /（μg/L）		200	《危险废物鉴别标准　浸出毒性鉴别》（GB 5085.3—2007）附录 K　固体废物　非挥发性有机化合物的测定　气相色谱 / 质谱法

检测对象	检测项目		检出限	检测依据
固体废物（浸出液）非挥发性有机化合物	对硝基氯苯 /（mg/L）		0.2	《固体废物 半挥发性有机物的测定 气相色谱-质谱法》（HJ 951—2018）
	2,4-二硝基氯苯 /（mg/L）		0.3	
	五氯酚及五氯酚钠（以五氯酚计）/（mg/L）		0.1	
	苯酚 /（mg/L）		0.2	
	2,4-二氯苯酚 /（mg/L）		0.2	
	2,4,6-三氯苯酚 /（mg/L）		0.2	
	苯并（a）芘 /（mg/L）		0.02	《固体废物 多环芳烃的测定 高效液相色谱法》（HJ 892—2017）
	邻苯二甲酸二丁酯 /（mg/L）		0.1	《固体废物 半挥发性有机物的测定 气相色谱-质谱法》（HJ 951—2018）
	邻苯二甲酸二辛酯 /（mg/L）		0.2	
	多氯联苯	2,4,4'-三氯联苯 /（μg/L）	0.09	《固体废物 多氯联苯的测定 气相色谱-质谱法》（HJ 891—2017）
		2,2',5,5'-四氯联苯 /（μg/L）	0.1	
		2,2',4,5,5'-五氯联苯 /（μg/L）	0.1	
		3,4,4',5-四氯联苯 /（μg/L）	0.1	
		3,3',4,4'-四氯联苯 /（μg/L）	0.09	
		2',3,4,4',5-五氯联苯 /（μg/L）	0.08	
		2,3',4,4',5-五氯联苯 /（μg/L）	0.2	
		2,3,4,4',5-五氯联苯 /（μg/L）	0.1	
		2,2',4,4',5,5'-六氯联苯 /（μg/L）	0.09	
		2,3,3',4,4'-五氯联苯 /（μg/L）	0.09	
		2,2',3,4,4',5'-六氯联苯 /（μg/L）	0.08	
		3,3',4,4',5-五氯联苯 /（μg/L）	0.09	

续表

检测对象		检测项目	检出限	检测依据
固体废物（浸出液）非挥发性有机化合物	多氯联苯	2,3',4,4',5,5'- 六氯联苯 /（µg/L）	0.1	《固体废物　多氯联苯的测定　气相色谱 - 质谱法》（HJ 891—2017）
		2,3,3',4,4',5- 六氯联苯 /（µg/L）	0.1	
		2,3,3',4,4',5- 六氯联苯 /（µg/L）	0.09	
		2,2',3,4,4',5,5'- 七氯联苯 /（µg/L）	0.1	
		3,3',4,4',5,5'- 六氯联苯 /（µg/L）	0.2	
		2,3,3',4,4',5,5'- 七氯联苯 /（µg/L）	0.1	
固体废物		全成分分析	—	样品经过萃取与高温灼烧处理，再经过 PyGCMS、GCMS、FTIR、TGA、XRD 和 EDS 仪器分析

2.4.4.4　检测分析结果

本次所采集样品的检测分析结果如表 2-12 所示。

表 2-12　检测分析结果　　　　　　　单位：mg/L

检测项目	WS 1#-1	WS 1#-2	WS 2#-1	WS 2#-2	WS 3#-1	超标份样数下限 / 个	GB 5085.3—2007 标准限值	超标份样数 / 个
苯	0.026	0.056	0.033	0.107	0.019	2	1	0
甲苯	8.12	29.5	15.5	28.9	27.0	2	1	5
乙苯	2.55	3.03	3.24	1.26	1.23	2	4	0
二甲苯	12.20	15.50	17.30	6.01	6.86	2	4	5
氯苯	未检出	未检出	未检出	未检出	未检出	2	2	0
1,2- 二氯苯	未检出	未检出	未检出	未检出	未检出	2	4	0

检测项目	WS 1#-1	WS 1#-2	WS 2#-1	WS 2#-2	WS 3#-1	超标份样数下限 / 个	GB 5085.3—2007 标准限值	超标份样数 / 个
1,4- 二氯苯	未检出	未检出	未检出	未检出	未检出	2	4	0
丙烯腈	未检出	未检出	未检出	未检出	未检出	2	20	0
三氯甲烷	未检出	未检出	未检出	未检出	未检出	2	3	0
四氯化碳	未检出	未检出	未检出	未检出	未检出	2	0.3	0
三氯乙烯	未检出	未检出	未检出	未检出	未检出	2	3	0
四氯乙烯	未检出	未检出	未检出	未检出	未检出	2	1	0
硝基苯	未检出	未检出	未检出	未检出	未检出	2	20	0
二硝基苯	未检出	未检出	未检出	未检出	未检出	2	20	0
对硝基氯苯	未检出	未检出	未检出	未检出	未检出	2	5	0
2,4- 二硝基氯苯	未检出	未检出	未检出	未检出	未检出	2	5	0
五氯酚及五氯酚钠（以五氯酚计）	未检出	未检出	未检出	未检出	未检出	2	50	0
苯酚	21.6	2.7	18.0	2.2	10.4	2	3	3
2,4- 二氯苯酚	未检出	未检出	未检出	未检出	未检出	2	6	0
2,4,6- 三氯苯酚	未检出	未检出	未检出	未检出	未检出	2	6	0
苯并（a）芘	未检出	未检出	未检出	未检出	未检出	2	0.000 3	0
邻苯二甲酸二丁酯	未检出	未检出	未检出	未检出	未检出	2	2	0
邻苯二甲酸二辛酯	未检出	未检出	未检出	未检出	未检出	2	3	0
多氯联苯	未检出	未检出	未检出	未检出	未检出	2	0.002	0

本次固体废物危险特性鉴别共采集 5 个样品，检测结果显示，本次所检测的 5 个样品浸出液的挥发性有机化合物苯、甲苯、乙苯、二甲苯均检出，其中甲苯和二甲苯的检测值均超过《危险废物鉴别标准　浸出毒性鉴别》（GB 5085.3—2007）标准限值。5 个样品浸出液的非挥发性有机化合物苯酚均检出，其中 3 个样品的检测值超过《危险废物鉴别标准　浸出毒性鉴别》（GB 5085.3—2007）标准限值。

2.4.4.5　固体废物组成分析

根据涉嫌非法倾倒者口供、倾倒现场踏勘及加工场溯源情况，结合对现场倾倒固体废物的颜色、气味、形态识别，初步判断本次鉴别的固体废物为废有机溶剂混合物蒸馏残渣（黏稠胶状固体废物）。为进一步确定有刺激性气味黏稠胶状固体废物的主要成分，本次鉴别随机抽取 2 个有代表性样品，对固体废物的主要成分进行分析。通过对样品萃取与高温灼烧处理，经过仪器分析、图谱解析，固体废物成分分析结果如表 2-13 和表 2-14 所示。

表 2-13　WS1#-1 样品固体废物成分分析结果

序号	成分名称	成分含量 /%	CAS 编号
1	二氧化硅	10～13	14808-60-7
2	硅酸钙铝	0.9～1.1	—
3	硅酸铝钾	9～11	—
4	氧化铝	9～12	1344-28-1
5	氧化钛	0.6～0.8	1317-80-2
6	氧化铁	7～9	1332-37-2
7	硅酸镁	0.8～1.0	—
8	水	11.5～13.5	—
9	氯丙烯	0.55～0.75	107-05-1
10	1-氯丁烷	2～4	106-69-3
11	氯代异辛烷	0.25～0.45	123-04-6

序号	成分名称	成分含量 /%	CAS 编号
12	苯甲酸	0.5～0.7	65-85-0
13	邻苯二甲酸	1～3	88-99-3
14	邻苯二甲酸二异丁酯	0.2～0.4	84-69-5
15	邻苯二甲酸二（2-乙基己基）酯	0.2～0.4	117-81-7
16	丙烯酸酯类共聚物	25～27	—
17	甲苯	1.7～1.9	108-88-3
18	乙酸丁酯	0.4～0.6	123-86-4
19	乙苯	0.55～0.75	100-41-4
20	邻-二甲苯	1.6～1.8	95-47-6
21	对-二甲苯	1.1～1.3	106-42-3
22	乙二醇单丁醚	0.25～0.45	111-76-2
23	环己酮	0.9～1.1	108-94-1
24	对-甲乙苯	0.35～0.55	622-96-8
25	均三甲苯	0.5～0.7	108-67-8
26	联三甲苯	0.1～0.2	526-73-8
27	丁二酸二甲酯	0.1～0.2	106-65-0
28	乙二醇丁醚醋酸酯	0.1～0.2	112-07-2
29	1,2,4,5-四甲苯	0.4～0.6	95-93-2
30	2-氯环己酮	0.1～0.3	822-87-7
31	戊二酸二甲酯	0.3～0.5	1119-40-0
32	2,4-二甲基苯乙烯	0.1～0.2	2234-20-0
33	丙烯酸异辛酯	0.2～0.4	103-11-7
34	萘	0.1～0.3	91-20-3
35	己二酸二甲酯	0.1～0.2	627-93-0
36	丙烯酸-2,3-环氧丙酯	0.1～0.2	106-90-1
37	Cu、Zn 等元素	0.4～0.6	—

表 2-14　WS3#-1 样品固体废物成分分析结果

序号	成分名称	成分含量 /%	CAS 编号
1	二氧化硅	12～14	14808-60-7
2	硅酸铝钾	7.5～9.5	—
3	铁镁硅酸盐	4～6	—
4	氧化铝	10～12	1344-28-1
5	氧化钛	0.7～0.9	1317-80-2
6	氧化铁	5～7	1332-37-2
7	氧化钙	0.55～0.75	—
8	硅酸镁	0.7～0.9	—
9	水	9.5～11.5	—
10	1- 氯丁烷	3～4	106-69-3
11	甲苯	0.65～0.85	108-88-3
12	苯乙烯	3～4	100-42-5
13	氯代异辛烷	0.1～0.3	123-04-6
14	苯甲酸	0.7～0.9	65-85-0
15	邻苯二甲酸	0.7～0.9	88-99-3
16	六亚甲基二异氰酸酯	0.7～0.9	822-06-0
17	丙烯酸酯类共聚物	18.5～20.5	—
18	乙酸仲丁酯	0.1～0.3	105-46-4
19	乙酸丁酯	0.3～0.5	123-86-4
20	乙苯	0.55～0.75	100-41-4
21	间 - 二甲苯	1.0～1.9	108-38-3
22	邻 - 二甲苯	0.9～1.2	95-47-6
23	乙二醇单丁醚	0.3～0.5	111-76-2
24	环己酮	0.75～0.95	108-94-1
25	正丙苯	0.09～0.12	103-65-1
26	对 - 甲乙苯	0.7～0.9	622-96-8
27	均三甲苯	0.9～1.2	108-67-8
28	联三甲苯	0.25～0.45	526-73-8

序号	成分名称	成分含量 /%	CAS 编号
29	丁二酸二甲酯	0.2～0.4	106-65-0
30	3-*N*-丙基甲苯	0.1～0.3	1074-43-7
31	2-乙基对二甲苯	0.65～0.85	1758-88-9
32	4-甲基苯乙烯	0.15～0.35	622-97-9
33	环己酮三甲烯缩醛	0.09～0.12	180-93-8
34	1,2,4,5-四甲苯	0.75～0.95	95-93-2
35	2-氯环己酮	0.09～1.1	822-87-7
36	戊二酸二甲酯	0.6～0.8	1119-40-0
37	2,4-二甲基苯乙烯	0.15～0.35	2234-20-0
38	异佛尔酮	0.1～0.3	78-59-1
39	丙烯酸异辛酯	0.6～0.8	103-11-7
40	萘	0.1～0.3	91-20-3
41	己二酸二甲酯	0.2～0.4	627-93-0
42	Cu、Zn 等元素	0.6～0.8	—

根据表 2-13 和表 2-14 成分分析结果可知，本次鉴别的固体废物含有大量有机污染物质，主要由丙烯酸酯类共聚物、苯乙烯、苯系物、环己酮、邻苯二甲酸、1-氯丁烷、戊二酸二甲酯、丙烯酸异辛酯等有机污染物质组成。

根据涉嫌非法倾倒者口供、倾倒现场踏勘及加工场溯源情况，加工场是将废有机溶剂混合物加入蒸馏釜蒸馏，蒸馏过程会产生蒸馏残渣（黏稠胶状残渣），结合倾倒现场固体废物浸出毒性检测结果和全成分分析结果与废有机溶剂主要成分吻合，加工场蒸馏过程中产生的蒸馏残渣即为本次被倾倒至鱼塘和村道旁的待鉴别有刺激性气味黏稠胶状物。

2.4.4.6　结论

根据《固体废物鉴别标准　通则》（GB 34330—2017）、《危险废物鉴别技术规范》（HJ 298—2019）、《危险废物鉴别标准　通则》（GB 5085.7—2019）和 1.3.2 节中②～⑦的标准和《国家危险废物名录（2021 年版）》，对本次鉴别对象进行危险特性鉴别，形成的鉴别结论如下。

根据涉嫌非法倾倒者口供、倾倒现场踏勘及加工场溯源情况，结合对现场倾倒固体废物的颜色、气味、形态识别，初步判断本次鉴别的固体废物为废有机溶剂混合物蒸馏残渣（黏稠胶状固体废物）。本次危险特性鉴别检测因子主要选取《危险废物鉴别标准　浸出毒性鉴别》（GB 5085.3—2007）中的浸出毒性检测挥发性有机化合物和非挥发性有机化合物指标，进行了检测分析，并随机抽取有代表性样品进行全成分检测。检测结果显示，本次所检测的 5 个样品浸出液的挥发性有机化合物甲苯和二甲苯的检测值均超过《危险废物鉴别标准　浸出毒性鉴别》（GB 5085.3—2007）标准限值，3 个样品浸出液的非挥发性有机化合物苯酚的检测值超过《危险废物鉴别标准　浸出毒性鉴别》（GB 5085.3—2007）标准限值，已超出超标份样数下限 2 个的标准。根据《危险废物鉴别技术规范》（HJ 298—2019）、《危险废物鉴别标准　通则》（GB 5085.7—2019），可判断非法倾倒固体废物具有浸出毒性危险特性。浸出毒性检测结果及全成分检测结果均显示本次鉴别物质为典型的有机污染物质。经综合判断，本次鉴别固体废物为典型的废有机溶剂混合物蒸馏残渣，属于《国家危险废物名录（2021 年版）》中的"HW06 废有机溶剂与含有机溶剂废物"，建议将其代码定为"900-000-06"，危险特性为"T"。

2.5　小结

本章节的鉴别物质均为环境事件涉及的固体废物，此类固体废物大多来源未知、成分不明，无法通过《国家危险废物名录》直接判定，往往需要通过相关检测分析来判断其是否存在危险特性。

由于无法确定固体废物产生过程生产工艺、原辅材料、产生环节和主要危害成分，此类固体废物危险特性鉴别项目中，首先可根据经验初步判断其可能为哪一类固体废物，从而选择其可能存在的主要危险特性并进行检测。根据相关检测结果，再确定是否开展其他危险特性的鉴别。

第3章

3

第 章

集中废水处理厂污泥
危险特性鉴别

3.1　企业概况

　　某电镀、印染专业基地是该市首个启动的环保专业基地，定位为整合该区域电镀企业及河网地区经限期治理仍不达标的配套电镀、印染、洗水、印花项目，并配套建设电镀污泥综合利用项目及蚀刻液废液处理处置项目。基地内目前入驻的企业有 143 家，其中电镀 120 家、印染 23 家。

　　目前基地内废水处理工程包括电镀废水处理工程和集中废水处理工程（一期、二期）。

　　基地对电镀废水采取分质分流处理方式，根据电镀废水的性质，分别设置相应的废水预处理设施。通过预处理后，经过气浮、厌氧、好氧系统集中处理后，电镀废水尾水达到《电镀污染物排放标准》（GB 21900—2008）中相关限值标准时可通过管道排入集中废水处理厂二期工程调节池，并进入基地集中废水处理工程（二期）进行进一步处理。电镀废水处理工程工艺流程如图 3-1 所示。

　　2021 年 3 月，企业为进一步强化固体废物的合法合规管理，规范污泥的处理处置方式，拟对集中废水处理厂二期工程产生的污泥进行危险特性鉴别。根据《危险废物鉴别技术规范》（HJ 298—2019），固体废物为《固体废物鉴别标准　通则》（GB 34330—2017）中所规定的环境治理和污染控制过程中产生的物质，应根据环境治理和污染控制工艺流程，对不同工艺环节产生的固体废物分别进行采样。由于废水处理厂二期工程初沉池、混凝沉淀池产生的物化污泥和二沉池产生的少量生化污泥（占 10% 左右）均通过地下管道进入同一污泥浓缩池，根据勘查情况，现场不具备分别采集物化污泥和生化污泥的条件，本次鉴别的污泥即为废水处理厂二期工程产生的混合污泥。集中废水处理工程（一期、二期）工艺流程如图 3-2 和图 3-3 所示。

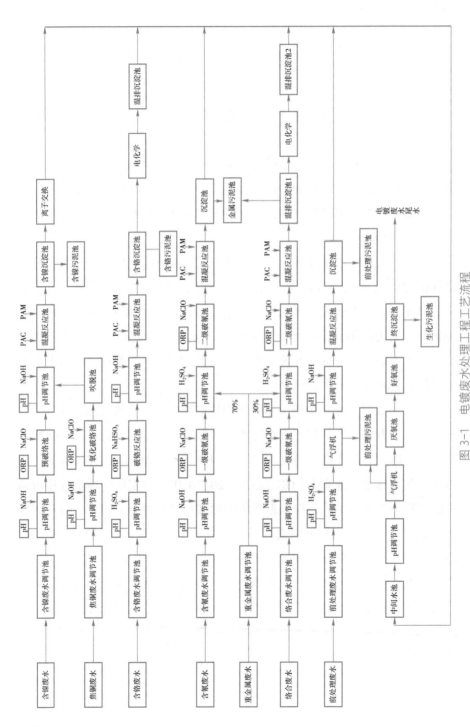

图 3-1 电镀废水处理工程工艺流程

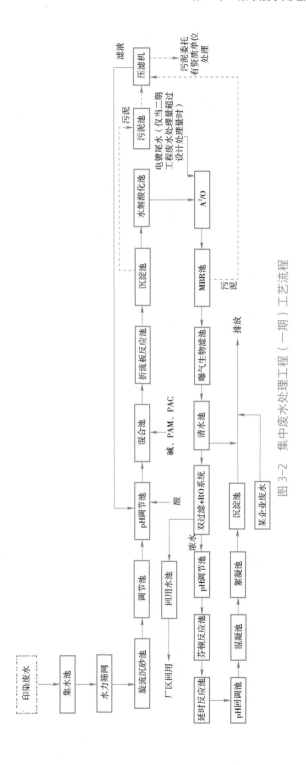

图 3-2　集中废水处理工程（一期）工艺流程

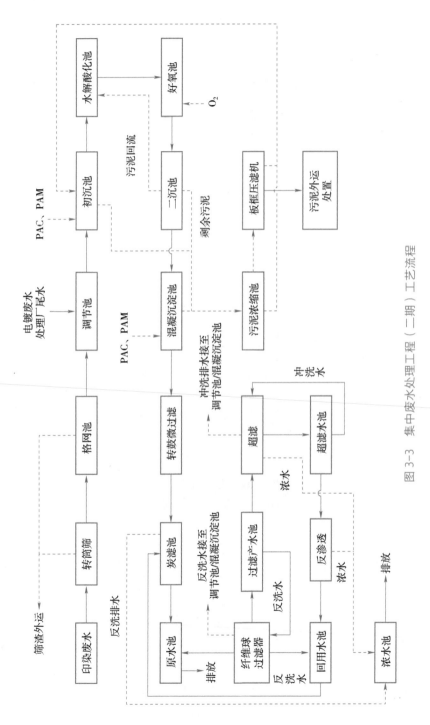

图 3-3 集中废水处理工程（二期）工艺流程

经查阅相关资料，该污泥未纳入《国家危险废物名录（2021 年版）》，且根据《危险废物鉴别标准　通则》（GB 5085.7—2019）中"混合判定规则"和"利用处置后判定规则"，无法直接判别其是否属于危险废物。故本次需对污泥危险特性进行鉴别。

3.2　要点、难点及解决方法

本项目的要点和难点主要是污水来源广泛，涉及上百家企业。因此，需要根据废水特征进行分类，综合考虑每类废水的特征污染物以及处理过程中原辅料的添加情况以开展危险特性鉴别。

本项目主要涉及两种类型的废水，其中电镀废水包括含氰废水、含镍废水、重金属废水、前处理废水、络合废水、焦铜废水、含铬废水等类型；印染废水包括印花废水、漂染废水、洗水废水等类型。电镀废水的主要特征污染物为铜、化学需氧量、总氰、镍、六价铬、氨氮、总氮、总磷等；电镀废水处理过程中的主要原辅料为片碱、液碱、次氯酸钠、PAC、PAM、硫酸、焦亚硫酸钠、双氧水、硫化钠、硫酸亚铁、消泡剂、盐酸、氯化钙、石灰。印染废水的主要特征污染物为 BOD_5、SS、COD_{Cr}、总氮、总磷、氨氮、硫化物、色度、苯胺等；印染废水处理过程中的主要原辅料为片碱、次氯酸钠、液体 PAC、固体 PAC、阴离子 PAM、阳离子 PAM、石灰、葡萄糖、除磷剂、硫酸亚铁等。

经现场踏勘，电镀废水经处理达到《电镀污染物排放标准》（GB 21900—2008）中相关标准限值（总镍、总铜执行表 2 标准，化学需氧量、总磷、总氮、氨氮执行表 2 标准限值的 200%，其余指标执行表 3 标准）后，电镀废水处理厂尾水均转至集中废水处理工程二期工程进行处理。

综上分析，本次危险特性鉴别时主要考虑浸出毒性和毒性物质含量。

3.3 危险特性识别

3.3.1 反应性

根据园区生产企业提供的原辅材料情况，同时考虑污泥以无机物为主，无机物本身是一个较为稳定的体系，不属于氧化剂或爆炸性物质。从无机物的物质构成分析可知其与水、酸反应时不具备产生大量易燃气体或足以危害人体健康或环境的有毒气体、蒸气或烟雾的条件，不具备反应性危险特性的筛选条件。结合样品反应性初筛检测结果，可以判断本次鉴别的污泥不具有反应性危险特性。

3.3.2 易燃性

根据园区生产企业提供的原辅材料情况，本次拟鉴别污泥含水率较高，且为以无机物为主的稳定体系，其不属于氧化剂或爆炸性物质并且不具备易燃性危险特性的筛选条件，故判断本次鉴别的污泥不具有易燃性危险特性。

3.3.3 腐蚀性

根据项目环境影响报告等资料，项目废水处理工艺过程中整个体系的pH接近中性，结合初筛样品腐蚀性检测结果（如表3-1所示），判断本次鉴别的污泥不具有腐蚀性危险特性。

表 3-1 初筛样品腐蚀性检测结果

检测项目	样品编号					标准限值
	1#	2#	3#	4#	5#	
pH（量纲一）	8.99	9.03	8.92	8.98	8.96	≥12.5 或 ≤2.0

3.3.4　浸出毒性

根据园区生产企业原辅料以及企业提供的电镀废水处理厂尾水检测报告、印染废水来源情况等资料，本次鉴别的固体废物不含有机农药成分，结合样品浸出毒性初筛检测结果（如表 3-2 所示），可排除《危险废物鉴别标准　浸出毒性鉴别》（GB 5085.3—2007）中非挥发性有机化合物及挥发性有机化合物等对应指标。考虑电镀废水处理厂尾水中可能含重金属等物质，结合样品重金属含量检测结果，本次浸出毒性鉴别指标主要选取无机元素及化合物。鉴别因子包括铜、锌、总铬、镍、钡、硒、无机氟化物等。

表 3-2　样品浸出毒性初筛检测结果　　　　　　单位：mg/L

检测项目	样品编号					浸出液中危害成分浓度限值	占标率 / %
	1#	2#	3#	4#	5#		
铜	未检出	未检出	未检出	未检出	未检出	100	—
锌	0.02	0.02	0.02	0.02	0.02	100	0.02
镉	未检出	未检出	未检出	未检出	未检出	1	—
铅	未检出	未检出	未检出	未检出	未检出	5	—
总铬	未检出	未检出	未检出	未检出	未检出	15	—
镍	0.04	0.02	0.05	0.03	0.02	5	0.4~1.0
银	未检出	未检出	未检出	未检出	未检出		
六价铬	未检出	未检出	未检出	未检出	未检出	5	
汞	未检出	未检出	未检出	未检出	未检出	0.1	
钡	未检出	未检出	未检出	未检出	未检出	100	
铍	未检出	未检出	未检出	未检出	未检出	0.02	
砷	未检出	未检出	未检出	未检出	未检出	5	—
硒	9.66×10^{-3}	6.28×10^{-3}	9.49×10^{-3}	6.33×10^{-3}	7.69×10^{-3}	1	0.63~0.97
无机氟化物	0.244	0.352	0.246	0.915	0.406	100	0.24~0.92
甲基汞	未检出	未检出	未检出	未检出	未检出	不得检出	—
乙基汞	未检出	未检出	未检出	未检出	未检出	不得检出	—

续表

检测项目	样品编号					浸出液中危害成分浓度限值	占标率/%
	1#	2#	3#	4#	5#		
氰化物	未检出	未检出	未检出	未检出	未检出	5	—
硝基苯	未检出	未检出	未检出	未检出	未检出	20	—
二硝基苯	未检出	未检出	未检出	未检出	未检出	20	—
对硝基氯苯	未检出	未检出	未检出	未检出	未检出	5	—
2,4-二硝基氯苯	未检出	未检出	未检出	未检出	未检出	5	—
五氯酚及五氯酚钠	未检出	未检出	未检出	未检出	未检出	50	—
苯酚	未检出	未检出	未检出	未检出	未检出	3	—
2,4-二氯苯酚	未检出	未检出	未检出	未检出	未检出	6	—
2,4,6-三氯苯酚	未检出	未检出	未检出	未检出	未检出	6	—
苯并(a)芘	未检出	未检出	未检出	未检出	未检出	0.000 3	—
邻苯二甲酸二丁酯	未检出	未检出	未检出	未检出	未检出	2	—
邻苯二甲酸二辛酯	未检出	未检出	未检出	未检出	未检出	3	—
多氯联苯	未检出	未检出	未检出	未检出	未检出	0.002	—
苯	未检出	未检出	未检出	未检出	未检出	1	—
甲苯	未检出	未检出	未检出	未检出	未检出	1	—
乙苯	未检出	未检出	未检出	未检出	未检出	4	—
二甲苯	未检出	未检出	未检出	未检出	未检出	4	—
氯苯	未检出	未检出	未检出	未检出	未检出	2	—
1,4-二氯苯	未检出	未检出	未检出	未检出	未检出	4	—
1,2-二氯苯	未检出	未检出	未检出	未检出	未检出	4	—
丙烯腈	未检出	未检出	未检出	未检出	未检出	20	—
三氯甲烷	未检出	未检出	未检出	未检出	未检出	3	—
四氯化碳	未检出	未检出	未检出	未检出	未检出	0.3	—
三氯乙烯	未检出	未检出	未检出	未检出	未检出	3	—
四氯乙烯	未检出	未检出	未检出	未检出	未检出	1	—
含水率/%	44.2	45.9	44.7	45.4	59.2	—	

3.3.5　毒性物质含量

根据园区生产企业提供的电镀废水处理厂尾水检测报告、印染废水来源情况等资料，结合《危险废物鉴别标准　毒性物质含量鉴别》（GB 5085.6—2007）所列出的危害成分项目表，本次毒性物质含量初筛主要进行有机污染物全扫检测和重金属含量检测。

根据样品有机污染物全扫检测结果，样品中检出的有机物主要为棕榈酸、烷烃等挥发性有机物，不含有《危险废物鉴别标准　毒性物质含量鉴别》（GB 5085.6—2007）附录中的有机毒性物质指标。但考虑到集中废水处理厂主要处理园区印染废水，印染废水的特征污染物是苯胺，故本次选取苯胺进行毒性物质含量检测。

样品重金属含量检测结果如表 3-3 所示。对照《危险废物鉴别标准　毒性物质含量鉴别》（GB 5085.6—2007）附录中的毒性物质指标，结合表 3-3 选取含量较高的铜、锌、铬、镍、铝、锰、钡共 7 种元素，通过《危险废物鉴别标准　毒性物质含量鉴别》（GB 5085.6—2007）附录中含上述元素的所有无机化合物来筛选可能存在的分子量最高的毒性物质，具体毒性物质筛查如表 3-4 所示，污泥中可能存在的毒性物质包括附录 B 中的 1 种毒性物质（氟化锌）、附录 C 中的 1 种毒性物质（三氧化二镍）。根据《危险废物鉴别标准　毒性物质含量鉴别》（GB 5085.6—2007）计算出各个样品的毒性物质含量及累积毒性物质含量综合占比，计算结果如表 3-5 所示。

从表中可以看出，所有样品中毒性物质含量及累积毒性物质含量综合占比均远低于《危险废物鉴别标准　毒性物质含量鉴别》（GB 5085.6—2007）中的限值标准。因此本次不再进行毒性物质含量中无机物质的检测。

综合上述分析，本次鉴别选取苯胺进行毒性物质含量检测分析。

表 3-3　样品重金属含量检测结果　　　　　　　　　　单位：mg/kg

检测项目	样品编号				
	1#	2#	3#	4#	5#
铜	31.6	34.1	32.3	33.1	27.5
锌	101	99.2	90.4	98.6	87.0
镉	未检出	未检出	未检出	未检出	未检出
铅	2.8	2.7	3.2	3.7	5.3
铬	52.6	51.6	53.3	49.7	43.8
镍	55.5	59.8	54.2	57.9	51.4
汞	0.028	0.031	0.031	0.033	0.047
砷	1.42	1.42	1.40	1.39	1.24
硒	1.82	1.91	1.80	1.84	1.76
铍	未检出	未检出	未检出	未检出	未检出
钴	4.2	4.5	4.2	4.4	4.1
钼	1.4	1.5	1.4	1.4	1.4
锑	2.0	2.1	2.1	2.1	2.1
银	未检出	未检出	未检出	未检出	未检出
铝	9 550	9 527	10 475	9 169	7 892
锰	5 499	5 812	5 242	5 566	4 597
钒	5.4	5.4	5.6	5.5	4.9
钡	189	162	197	197	262

表 3-4　毒性物质筛查

序号	毒性物质	判断依据
		附录 A
1	氰化钡	氰化物主要来源于电镀废水处理厂尾水。根据尾水检测报告，水中氰化物浓度较低（0.002 mg/L）或未检出，且 4 种化合物在空气中吸收水和二氧化碳也可分解出氰化氢。从项目废水处理工艺及现状条件判断不具备存在条件，排除
2	氰化锌	
3	氰化亚铜	
4	氰化亚铜钠	
5	羰基镍	无色液体，在空气中容易被氧化生成一氧化碳和盐。从项目废水处理工艺及现状条件判断不具备存在条件，排除

续表

序号	毒性物质	判断依据
		附录 B
1	多硫化钡	可由硫化钡与硫黄化合成多硫化钡溶液。从项目废水处理工艺及现状条件判断不具备合成条件，排除
2	氟化铝	可由三氯化铝与氢氟酸、氨水作用制得，主要用于炼铝。从项目废水处理工艺及现状条件判断不具备合成条件，排除
3	氟化锌	无法直接排除，需通过锌含量值折算
4	氟硼酸锌	硼酸和氢氟酸反应制得氟硼酸，再与碳酸锌反应，控制 pH 为 3～4。过滤除去杂质，溶液经减压蒸发（60～70℃）析出结晶，再经干燥，制得氟硼酸锌成品。从项目废水处理工艺及现状条件判断不具备合成条件，排除
5	锰	根据企业提供的原辅料情况等资料，废水中锰主要以离子态存在，不含单质锰，排除
6	氯化钡	废水处理过程中加入硫酸盐，易与废水中的硫酸根生成难溶的硫酸钡沉淀，排除
7	碳酸钡	
		附录 C
1	次硫化镍	以镍和硫源（硫代乙酰胺、硫脲、硫代硫酸钠）利用水热法合成。从项目废水处理工艺及现状条件判断不具备合成条件，排除
2	二氧化镍	根据 HJ 298—2019，同一种毒性成分在一种以上毒性物质中存在时，以分子量最高的物质进行计算。故选择三氧化二镍为毒性物质含量指标，通过镍含量值折算
3	硫化镍	可由硫酸镍与硫化氢反应制得。从项目废水处理工艺及现状条件判断不具备合成条件，排除
4	三氧化二镍	根据 HJ 298—2019，同一种毒性成分在一种以上毒性物质中存在时，以分子量最高的物质进行计算。故选择三氧化二镍为毒性物质含量指标，通过镍含量值折算
5	一氧化镍	
6	铬酸铬	铬主要来源于电镀废水处理厂尾水。根据尾水检测报告，废水中未检出六价铬。从项目废水处理工艺及现状条件分析，污泥中铬主要为三价态，上述毒性物质中铬为六价态，排除
7	铬酸镉	
8	铬酸锶	
9	三氧化铬	

续表

序号	毒性物质	判断依据
		附录 D
1	铬酸钠	铬主要来源于电镀废水处理厂尾水。根据尾水检测报告，废水中未检出六价铬。从项目废水处理工艺及现状条件分析，污泥中铬主要为三价态，铬酸钠中铬为六价态，排除

表 3-5　各重金属对应毒性物质含量折算结果

样品编号	折算的化合物含量 /%		累积毒性物质含量综合占比
	（附录 B）氟化锌	（附录 C）三氧化二镍	
1#	0.016 0	0.007 8	0.08
2#	0.015 7	0.008 4	0.09
3#	0.014 3	0.007 6	0.08
4#	0.015 6	0.008 2	0.09
5#	0.013 7	0.007 2	0.08
限值	3.0	0.1	1.0

3.3.6　急性毒性

本次鉴别的固体废物为污泥，主要的危险因子为重金属，不属于气态物质，主要考虑经口急性毒性。

参照《化学品分类、警示标签和警示性说明安全规范　急性毒性》（GB 20592—2006）、经济合作与发展组织（OECD）提出的《对混合物急性毒性的推断方法》和《化学品分类和标签规范　第 18 部分：急性毒性》（GB 30000.18—2013），对被鉴别物的急性毒性进行分析。以化学品的经口急性毒性划分五类危害，即按其经口 LD_{50} 值的大小进行危害性的基本分类（如表 3-6 所示）。

表 3-6　急性毒性危害类别及确定各类别的（近似）LD$_{50}$ 值

接触途径	经口急性毒性 /（mg/kg）	接触途径	经口急性毒性 /（mg/kg）
类别 1	5	类别 4	2 000
类别 2	50	类别 5	5 000
类别 3	300		

如果混合物中浓度不小于 1% 的组分无任何对分类有用的信息，那么可推断该混合物没有确定的急性毒性估计值，在这种情况下，应该只根据已知组分对混合物进行分类。即将被鉴别物视为所检出毒性物质的混合物，根据下面的经口急性毒性计算公式，通过各组分急性毒性估算值（ATE$_i$）来确定混合物的急性毒性估算值（ATE$_{mix}$），计算公式如下：

$$\frac{100}{\text{ATE}_{mix}} = \sum_{i}^{n} \frac{C_i}{\text{ATE}_i}$$

式中：C_i——固体废物中所含的第 i 种毒性物质的百分含量；

ATE$_{mix}$——固体废物的急性毒性估计值；

ATE$_i$——第 i 种毒性物质的急性毒性数据。

本次被鉴别物中浓度不小于 1% 的组分无任何对分类有用的信息，可推断出被鉴别物没有确定的急性毒性估计值，因此本次危险废物鉴别工作将根据被鉴别物的毒性物质含量检测结果进行鉴别，即将被鉴别物视为所检出毒性物质的混合物，根据所检出的毒性物质成分对被鉴别物进行分类。根据上述的经口急性毒性计算公式，在最不利原则条件下选取所检出的毒性物质的近似经口急性毒性危害类别所对应的经口 LD$_{50}$ 值作为各组分急性毒性估算值（ATE$_i$），从而通过计算确定被鉴别物的急性毒性估算值（ATE$_{mix}$），并根据被鉴别物的急性毒性估算值（ATE$_{mix}$），对其急性毒性进行评估分析。

根据 3.3.5 节所选取的可能存在的毒性物质（氟化锌、三氧化二镍），计算的污泥经口急性毒性估算值如表 3-7 所示。

表 3-7　经口急性毒性估算值

样品编号	估算值 / (mg/kg)	样品编号	估算值 / (mg/kg)
WS210423 污泥 1#	53 191.49	WS210426 污泥 1#	51 229.51
WS210424 污泥 1#	50 150.45	WS210427 污泥 1#	58 343.06
WS210425 污泥 1#	55 370.99		

从表 3-7 中可以看出，所有样品中经口急性毒性估算值均远低于《危险废物鉴别标准　急性毒性初筛》（GB 5085.2—2007）中的标准限值要求。结合初筛样品急性毒性检测结果，可以判断本次鉴别的污泥不具有急性毒性危险特性。

3.3.7　危险特性鉴别检测因子

经综合分析固体废物产生过程生产工艺、原辅材料、产生环节和主要危害成分，结合初筛样品检测结果，本次危险特性鉴别检测因子主要包括：

①浸出毒性鉴别：铜、锌、总铬、镍、钡、硒、无机氟化物。

②毒性物质含量鉴别：苯胺［《危险废物鉴别标准　毒性物质含量鉴别》（GB 5085.6—2007）附录 B　有毒物质］。

3.4　案例分析

3.4.1　样品采集

本次鉴别样品采集方法主要根据《工业固体废物采样制样技术规范》（HJ/T 20—1998）、《危险废物鉴别技术规范》（HJ 298—2019）确定。

根据《危险废物鉴别技术规范》（HJ 298—2019），工艺环节间歇产生固体废物时，如固体废物产生的时间间隔小于或等于 1 个月，应以确定的工艺环节 1 个月内的固体废物产生量为依据，按照表 3-8 确定需采集样品的最小份样数。

表 3-8　固体废物采集最小份样数

固体废物量 （以 q 表示）/t	最小份样数 / 个	固体废物量 （以 q 表示）/t	最小份样数 / 个
$q \leqslant 5$	5	$90 < q \leqslant 150$	32
$5 < q \leqslant 25$	8	$150 < q \leqslant 500$	50
$25 < q \leqslant 50$	13	$500 < q \leqslant 1\,000$	80
$50 < q \leqslant 90$	20	$q > 1\,000$	100

根据《危险废物鉴别技术规范》（HJ 298—2019），固体废物为废水处理污泥，如废水处理设施产生废水的来源、类别、排放量、污染物含量稳定，可适当减少采样份样数，份样数不少于 5 个。根据企业提供的资料，二期工程污泥 1 个月内的产生量为 500 t 左右。结合上述规范要求，同时考虑样品的代表性，本次拟采集的污泥份样数为 50 个，满足《危险废物鉴别技术规范》（HJ 298—2019）的要求。根据园区生产企业提供的资料，集中废水处理工程（二期）共有 3 台板框压滤机处理污泥。采样前，先随机抽取 1 台压滤机，将压滤机各板框顺序编号，用《工业固体废物采样制样技术规范》（HJ/T 20—1998）中的随机数表法抽取 2 个板框作为采样单元采集样品。采样时，在压滤机压滤脱水后取下板框并刮下污泥，每个板框内采取的污泥作为 1 个份样。

3.4.2　质量控制

3.4.2.1　样品采集质量控制

①采样前，制订详细的采样计划，采样人员熟知并规范操作。

②采样人员持证上岗，掌握采样技术、懂得安全操作知识和处理方法。

③有效防止采样过程中的交叉污染。

④取样前，对取样设备进行清洁后再使用。

⑤建立采样组自检制度，明确职责和分工。每日采样结束后进行自检，检查内容包括每天采集样品个数、样品重量、样品标签、记录完整性

和准确性等。

⑥样品采集后，置于车载冰箱内低温保存。在样品运输过程中，为防止其受外界污染，将所有样品放置于密封袋，用气泡膜包裹后运送。

⑦对样品采样过程进行拍照。

3.4.2.2　样品流转

①样品流转前，逐件仔细检查样品标识，核对采样记录与实际转运样品数量，核对无误后，将样品有序存入样品箱。

②样品交接时，由专人将样品送到实验室，送样者和接样者双方同时清点核查样品。

3.4.2.3　检测项目与质量控制情况

固体废物实验室分析的质量控制包括对样品制备、样品前处理和样品分析过程进行质量控制。

①样品制备：样品制备过程中坚持保持样品原有的化学组成，并且不能被污染、不能把样品编号弄混淆的原则。制样间分设风干室和磨样（粉碎）室。风干室严防阳光直射样品，通风良好、整洁、无尘、无易挥发性化学物质。制样时应有2人以上在场。制样结束后，应填写制样记录。

②样品前处理：根据不同的监测要求和监测项目，选定样品处理方法。

③样品分析：通过实验室内部控制，减少随机误差，防止过失误差。核查整个检测过程是否处于受控状态，发现实验室工作过程中可能发生的变化，以及这些变化可能产生的质量问题。便于分析人员及时发现异常，立即采取纠正与预防措施。

对样品分析的全过程（包括分析人员、工作环境、分析方法、分析人员对分析方法的正确理解与操作、试剂及标准溶液的配制、工作曲线的绘制、空白试验、仪器的调试和校准、背景的扣除和校正、原始记录的书写、数据的修约和处理等）实施有效控制。

仪器设备：检测过程中使用的仪器设备符合国家有关标准和技术要求。

使用属于《中华人民共和国强制检定的工作计量器具明细目录》中的仪器设备时，需要经计量检定合格并在有效期内；使用不属于《中华人民共和国强制检定的工作计量器具明细目录》中的仪器设备时，需要校准合格并在有效期内使用。

分析方法：选择国家、环境保护行业监测分析方法标准，对分析方法进行适用性检验，其检出限、准确度、精密度应不低于相应的通用方法要求水平或待测物准确定量的要求。

空白试验：对实验室空白样品，进行空白试验时空白值需低于方法检出限；或低于标准限值的 10%；或低于每一批样品最低测定值的 10%。

精密度控制：每批样品每个项目分析时均须做 10% 平行样；当样品数在 5 个以下时，平行样不少于 1 个。平行双样测定结果的相对偏差在允许范围之内为合格。当平行双样测定合格率低于 95% 时，除对当批样品重新测定外，再增加样品数 10%～20% 的平行样，直至平行双样测定合格率大于 95%。

准确度控制：在精密度控制测定合格的前提下，使用标准样品和质控样品对样品分析的准确度进行控制。当选测的项目无标准物质或质控样品时，可用加标回收实验来检查测定准确度。在一批试样中，随机抽取 10%～20% 的试样进行加标回收测定。当样品数不足 10 个时，适当增加加标比率。每批同类型试样中，加标试样不应少于 1 个。加标回收率在标准加标回收率允许范围之内。当加标回收率小于 70% 时，对不合格试样重新进行加标回收率的测定，并另增加 10%～20% 的试样进行加标回收率测定，直至总合格率大于或等于 70%。

3.4.3 检测结果

样品浸出毒性检测结果如表 3-9 所示。

检测结果显示，本次采集的 50 个样品的浸出毒性检测结果均未超出《危险废物鉴别标准 浸出毒性鉴别》（GB 5085.3—2007）的相应标准限值。

表 3-9　浸出毒性检测结果　　　　　　　　　单位：mg/L

样品编号	检测项目						
	铜	锌	总铬	镍	钡	硒	无机氟化物
WS1#	0.02	0.01	未检出	0.04	未检出	0.015 4	1.21
WS2#	0.01	未检出	未检出	0.04	未检出	0.022 9	1.16
WS3#	0.01	0.01	未检出	0.03	未检出	0.010 6	2.44
WS4#	未检出	未检出	未检出	0.03	未检出	0.017 9	2.7
WS5#	未检出	未检出	未检出	0.03	未检出	0.010 5	1.43
WS6#	0.01	未检出	未检出	0.02	未检出	0.009 6	0.895
WS7#	未检出	未检出	未检出	0.02	未检出	0.011 4	1.65
WS8#	未检出	未检出	未检出	0.02	未检出	0.008 8	2.40
WS9#	未检出	0.02	未检出	0.02	未检出	0.007 2	2.17
WS10#	未检出	0.02	未检出	0.02	未检出	0.007 7	1.89
WS11#	未检出	0.02	未检出	0.02	未检出	0.007 1	1.16
WS12#	未检出	0.02	未检出	0.03	未检出	0.010 1	1.28
WS13#	未检出	0.02	未检出	未检出	未检出	0.007 5	2.02
WS14#	未检出	0.02	未检出	未检出	未检出	0.010 2	1.09
WS15#	未检出	未检出	未检出	0.02	未检出	0.009 8	2.50
WS16#	未检出	未检出	未检出	0.03	未检出	0.015 7	2.55
WS17#	未检出	未检出	未检出	未检出	未检出	0.011 2	2.46
WS18#	未检出	未检出	未检出	0.03	未检出	0.019 0	2.14
WS19#	未检出	0.01	未检出	0.02	未检出	0.010 0	2.70
WS20#	未检出	未检出	未检出	0.02	未检出	0.012 7	1.66
WS21#	未检出	未检出	未检出	未检出	未检出	0.004 7	2.82
WS22#	未检出	未检出	未检出	0.02	未检出	0.006 9	2.93
WS23#	0.01	未检出	0.02	0.02	未检出	0.004 3	2.66
WS24#	未检出	0.01	0.02	0.02	未检出	0.004 0	2.92
WS25#	未检出	未检出	0.02	0.02	未检出	0.006 0	3.24
WS26#	未检出	0.03	0.03	0.02	未检出	0.006 2	3.28
WS27#	未检出	0.03	0.02	0.02	未检出	0.004 8	3.29

续表

样品编号	检测项目						
	铜	锌	总铬	镍	钡	硒	无机氟化物
WS28#	未检出	未检出	0.02	0.02	未检出	0.016 7	3.08
WS29#	未检出	未检出	0.03	0.02	未检出	0.015 1	2.31
WS30#	未检出	未检出	0.02	0.03	未检出	0.018 4	2.84
WS31#	0.02	0.04	0.04	0.04	未检出	0.015 4	0.648
WS32#	0.02	0.03	0.05	0.03	未检出	0.006 9	2.00
WS33#	0.03	0.08	0.06	0.04	未检出	0.019 8	1.19
WS34#	0.01	0.03	0.02	0.03	未检出	0.006 0	2.44
WS35#	0.02	0.04	0.05	0.03	未检出	0.014 6	0.427
WS36#	0.02	0.04	0.04	0.04	未检出	0.012 3	0.371
WS37#	0.05	0.1	0.07	0.03	未检出	0.0183	0.418
WS38#	0.03	0.07	0.07	0.04	未检出	0.017 0	0.887
WS39#	0.02	0.06	0.06	0.04	未检出	0.014 4	0.630
WS40#	0.01	0.03	0.04	0.12	未检出	0.004 4	1.44
WS41#	未检出	0.01	0.02	0.01	未检出	0.002 7	2.26
WS42#	0.02	0.05	0.05	0.05	未检出	0.019 3	0.540
WS43#	0.02	0.04	0.04	0.03	未检出	0.012 6	1.24
WS44#	0.01	0.03	0.04	0.03	未检出	0.011 4	1.22
WS45#	0.01	0.02	0.04	0.03	未检出	0.014 7	1.58
WS46#	0.01	0.02	0.04	0.03	未检出	0.012 5	2.09
WS47#	0.03	0.05	0.05	0.04	未检出	0.015 5	1.05
WS48#	未检出	未检出	0.03	0.02	未检出	0.003 7	3.36
WS49#	未检出	未检出	0.02	0.02	未检出	0.004 3	3.42
WS50#	未检出	未检出	0.02	0.02	未检出	0.004 5	3.60
标准限值	100	100	15	5	100	1	100
超标份样数下限 / 个	11	11	11	11	11	11	11
超标份样数 / 个	0	0	0	0	0	0	0

样品毒性物质含量检测结果如表3-10所示。

检测结果显示，本次采集的50个样品的毒性物质含量检测结果均未超出《危险废物鉴别标准　毒性物质含量鉴别》（GB 5085.6—2007）的相应标准限值。

表3-10　毒性物质含量检测结果

样品编号	苯胺		样品编号	苯胺	
	检测值 /（mg/kg）	含量 /%		检测值 /（mg/kg）	含量 /%
WS1#	未检出	—	WS26#	0.3	0.000 03
WS2#	未检出	—	WS27#	0.2	0.000 02
WS3#	未检出	—	WS28#	0.2	0.000 02
WS4#	未检出	—	WS29#	0.6	0.000 06
WS5#	未检出	—	WS30#	0.4	0.000 04
WS6#	未检出	—	WS31#	0.5	0.000 05
WS7#	未检出	—	WS32#	0.3	0.000 03
WS8#	未检出	—	WS33#	0.3	0.000 03
WS9#	未检出	—	WS34#	0.4	0.000 04
WS10#	未检出	—	WS35#	0.4	0.000 04
WS11#	未检出	—	WS36#	0.3	0.000 03
WS12#	未检出	—	WS37#	0.3	0.000 03
WS13#	0.3	0.000 01	WS38#	0.4	0.000 04
WS14#	0.8	0.000 08	WS39#	1.2	0.000 12
WS15#	0.6	0.000 06	WS40#	1.3	0.000 13
WS16#	0.5	0.000 05	WS41#	1.0	0.000 1
WS17#	0.4	0.000 04	WS42#	1.1	0.000 11
WS18#	0.7	0.000 07	WS43#	1.9	0.000 19
WS19#	0.6	0.000 06	WS44#	1.6	0.000 16
WS20#	0.4	0.000 04	WS45#	2.4	0.000 24
WS21#	0.7	0.000 07	WS46#	1.8	0.000 18
WS22#	0.3	0.000 03	WS47#	3.3	0.000 33
WS23#	0.3	0.000 03	WS48#	2.3	0.000 23
WS24#	0.6	0.000 06	WS49#	2.5	0.000 25
WS25#	0.3	0.000 03	WS50#	1.5	0.000 15
标准限值	—	3	标准限值	—	3

3.4.4　结论

本次某集中废水处理厂污泥危险特性鉴别工作严格依据《危险废物鉴别技术规范》（HJ 298—2019）、《危险废物鉴别标准　腐蚀性鉴别》（GB 5085.1—2007）、《危险废物鉴别标准　急性毒性初筛》（GB 5085.2—2007）、《危险废物鉴别标准　浸出毒性鉴别》（GB 5085.3—2007）、《危险废物鉴别标准　易燃性鉴别》（GB 5085.4—2007）、《危险废物鉴别标准　反应性鉴别》（GB 5085.5—2007）、《危险废物鉴别标准　毒性物质含量鉴别》（GB 5085.6—2007）和《危险废物鉴别标准　通则》（GB 5085.7—2019）等技术规范和标准进行鉴别，从腐蚀性、急性毒性、浸出毒性、易燃性、反应性、毒性物质含量这 6 个方面进行分析论证，并进行相应的采样和检测分析。结合现场勘查、资料分析及检测结果进行综合判定，本次所鉴别的集中废水处理厂产生的污泥不具有腐蚀性、急性毒性、浸出毒性、易燃性、反应性及毒性物质含量危险特性，则不属于危险废物。

3.5　小结

本次鉴别的物质为集中废水处理厂产生的污泥，属于《固体废物鉴别标准　通则》（GB 34330—2017）中"4.3 环境治理和污染控制过程中产生的物质""水净化和废水处理产生的污泥及其他废弃物质"，故本次鉴别的物质属于固体废物。根据废水来源情况，以及查阅相关资料，本次鉴别的污泥未纳入《国家危险废物名录（2021 年版）》。

为确定本次固体废物危险特性鉴别的检测项目，连续 5 天在集中废水处理厂采集具有代表性的样品，每天采集 1 个，共 5 个样品。然后对样品进行反应性、腐蚀性、浸出毒性、有机污染物全扫、重金属含量、急性毒性初筛检测。经综合分析固体废物产生过程的生产工艺、原辅材料、产生环节和主要危害成分，再结合初筛样品检测结果，可以判断本次鉴别的污泥不具有反应性、易燃性、腐蚀性和急性毒性等危险特性。本次危险特性鉴别检测主要考虑浸出毒性和毒性物质含量，根据检测结果判断本次污泥不属于危险废物。

根据《危险废物鉴别技术规范》（HJ 298—2019），此类废水处理厂污泥危险特性鉴别项目需遵循分类采样鉴别的原则，在原辅料、生产工艺及工况稳定的情况下亦可适当减少采样份样数，份样数不少于 5 个。缩样的前提是确保采集的样品具有足够的代表性，建议在实际工作中尽量避免缩样或控制缩样份数。针对分类采集污泥的情形，建议结合企业废水处理站工艺、管线布局、物化污泥和生化污泥比例、污泥污染因子相似性等进行综合考虑。如：①若废水处理站有多股废水，其中某种废水处理后产生的污泥在《国家危险废物名录》中或其危险特性较为明显，须分类管理和鉴别。②废水处理站从设计、施工到运行，均只有一个污泥浓缩池，且生化污泥占比较小时，是否有必要分类采集样品？③如废水来源包括含氟废水等，则需单独采集含氟污泥进行检测分析。④因分类采样而直接从沉淀池采集污泥，样品的含水率极高（可认为是泥水混合物），在通过人为添加絮凝剂和人工布袋压滤形式获取的样品与实际压滤机产生的污泥性状存在差异，是否具有代表性？同时，也建议主管部门在监管过程中，结合项目环评、环评批复及排污许可日常监管情况，区分不同类型污泥危险特性鉴别结果的使用。

第4章

结晶盐危险特性鉴别

4.1　企业概况

　　某公司主要从事医药化工原料、精细化工产品等的生产经营。其中，四甲基脲项目于 2000 年取得了国家环境保护总局的环评批复，建设规模为年产 400 t 四甲基脲。建设方按照环评批复的要求进行了建设，且项目于 2003 年通过环保竣工验收后正式投入生产运行。四甲基脲项目生产过程中中和工序产生的废水经处理，转到双效蒸发装置进行浓缩除盐处理后，产生结晶盐。其生产工艺流程如图 4-1 所示。

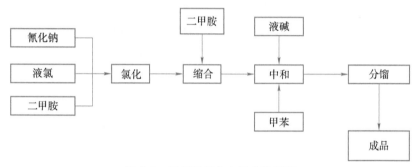

图 4-1　四甲基脲生产工艺流程图

　　四甲基脲项目生产过程中中和工序产生的废水经中和处理，转到双效蒸发装置进行浓缩除盐处理后，产生结晶盐。废水处理工艺流程如图 4-2 所示。

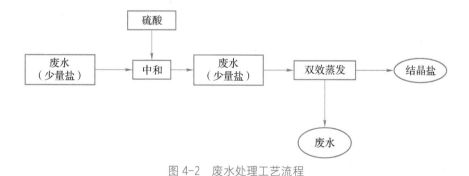

图 4-2　废水处理工艺流程

4.2 要点、难点及解决方法

本次待鉴别物质为医药化工行业废水处理产生的结晶盐，首先需要明确产生结晶盐的废水属性，其次要明确该结晶盐是否在《国家危险废物名录（2021 年版）》中。

根据项目环境影响评价报告等资料，本项目中的双效蒸发装置处理的废水产生于中和工序，废水通过蒸发除盐处理后排入污水处理厂，经处理达标后排放。根据《固体废物鉴别标准　通则》（GB 34330—2017），其中"7 不作为液态废物管理的物质"包括了"7.2 经过物理处理、化学处理、物理化学处理和生物处理等废水处理工艺处理后，可以满足向环境水体或市政污水管网和处理设施排放的相关法规和排放标准要求的废水、污水"。故可判断该废水符合《固体废物鉴别标准　通则》（GB 34330—2017）中不作为液态废物管理的要求。根据《危险废物鉴别标准　通则》（GB 5085.7—2019），不属于固体废物的则不属于危险废物，故本项目废水不属于危险废物。

经查阅相关资料，该结晶盐未纳入《国家危险废物名录（2021 年版）》，且根据《危险废物鉴别标准　通则》（GB 5085.7—2019）中相关判定规则，无法直接判别结晶盐是否属于危险废物。

4.3 危险特性识别

4.3.1 反应性

4.3.1.1 反应性定义

根据《危险废物鉴别标准　反应性鉴别》（GB 5085.5—2007）规定，符合下列任何条件之一的固体废物，属于具有反应性危险特性的废物。

（1）具有爆炸性质

①常温常压下不稳定，在无引爆条件下，易发生剧烈变化。

②在标准温度和压力（25℃，101.3 kPa）下，易发生爆轰或爆炸性分解反应。

③受强起爆剂作用或在封闭条件下加热，能发生爆轰或爆炸反应。

（2）与水或酸接触产生易燃气体或有毒气体

①与水混合发生剧烈化学反应，并放出大量易燃气体和热量。

②与水混合能产生足以危害人体健康或环境的有毒气体、蒸气或烟雾。

③在酸性条件下，每千克含氰化物废物分解产生≥250 mg 氰化氢气体，或者每千克含硫化物废物分解产生≥500 mg 硫化氢气体。

（3）废弃氧化剂或有机过氧化物

①极易引起燃烧或爆炸的废弃氧化剂。

②对热、震动或摩擦极为敏感的含过氧基的废弃有机过氧化物。

4.3.1.2　待鉴别固体废物分析

考虑原辅料中含氰化钠，一定量的氰化钠与过量的液氯、二甲胺充分混合后发生氯化反应，然后与二甲胺进行缩合反应，加入甲苯和液碱，经中和、分馏后得到成品。根据企业提供的资料，与氰化钠反应的液氯、二甲胺等物质均为过量投入，故可知后续中和工序产生的废水中应不含有氰化钠。考虑结晶盐本身是一个较为稳定的体系，从其物质构成分析可知，与水、酸反应不具备产生大量易燃气体或是足以危害人体健康或环境的有毒气体、蒸气或烟雾的条件，不具备反应性危险特性的筛选条件。结合样品反应性初筛检测结果，可以判断本次鉴别的结晶盐不具有反应性危险特性。

4.3.2　易燃性

4.3.2.1　易燃性定义

根据《危险废物鉴别标准　易燃性鉴别》（GB 5085.4—2007）规定，

符合下列任何条件之一的固体废物，属于易燃性危险废物。

（1）液态易燃性危险废物

闪点温度低于60℃（闭杯试验）的液体、液体混合物或含有固体物质的液体。

（2）固态易燃性危险废物

在标准温度和压力（25℃，101.3 kPa）下因摩擦或自发性燃烧而起火，经点燃后能剧烈而持续地燃烧并产生危害的固态废物。

（3）气态易燃性危险废物

在20℃、101.3 kPa状态下，在与空气的混合物中体积分数≤13%时可点燃的气体，或者在该状态下，不论易燃下限如何，与空气混合，易燃范围的易燃上限与易燃下限之差大于或等于12个百分点的气体。

4.3.2.2　待鉴别固体废物分析

根据企业提供的原辅材料情况，材料内不含有易燃性原辅料，且不属于氧化剂或爆炸性物质，不具备易燃性危险特性的筛选条件，故判断本次鉴别的结晶盐不具有易燃性危险特性。

4.3.3　腐蚀性

4.3.3.1　腐蚀性定义

根据《危险废物鉴别标准　腐蚀性鉴别》（GB 5085.1—2007）规定，符合下列任何条件之一的固体废物，属于腐蚀性危险废物。

①按照《固体废物　腐蚀性测定　玻璃电极法》（GB/T 15555.12—1995）的规定制的浸出液，pH≥12.5或者pH≤2.0。

②在55℃条件下，对《优质碳素结构钢》（GB/T 699—2015）中规定的20号钢材的腐蚀速率≥6.35 mm/a。

4.3.3.2　待鉴别固体废物分析

鉴于本项目生产工艺中使用了液碱、硫酸等物质来调节pH，且结晶盐主要成分为硫酸钠等物质，故本次鉴别的结晶盐需进行腐蚀性检测。

4.3.4　浸出毒性

4.3.4.1　浸出毒性定义

按照《固体废物　浸出毒性浸出方法　硫酸硝酸法》（HJ/T 299—2007）制备的固体废物浸出液中任何一种危害成分含量超过浓度标准限值，则判定该固体废物是具有浸出毒性特征的危险废物。浸出毒性鉴别标准限值指标共 50 项，其中无机元素及化合物共 16 项，有机农药类 10 项，非挥发性有机化合物类 12 项，挥发性有机化合物类 12 项。

4.3.4.2　待鉴别固体废物分析

根据企业提供的原辅料使用情况，本次鉴别的固体废物不含有机农药成分，结合样品浸出毒性初筛检测结果（如表 4-1 所示）可排除《危险废物鉴别标准　浸出毒性鉴别》（GB 5085.3—2007）中非挥发性有机化合物及有机农药类等对应指标。考虑原辅料中含甲苯等物质，本次浸出毒性鉴别指标主要选取无机元素及化合物、挥发性有机化合物。鉴别因子包括氰化物、甲苯、二甲苯。

表 4-1　样品浸出毒性初筛检测结果　　　　　　单位：mg/L

检测项目	WS 结晶盐1#检测结果	检测项目	WS 结晶盐1#检测结果
铜	未检出	铍	未检出
锌	0.08	砷	未检出
镉	未检出	硒	未检出
铅	未检出	无机氟化物	0.84
总铬	未检出	甲基汞	未检出
镍	未检出	乙基汞	未检出
银	未检出	氰化物	0.208
六价铬	未检出	硝基苯	未检出
汞	未检出	二硝基苯	未检出
钡	未检出	对硝基氯苯	未检出

检测项目	WS 结晶盐1# 检测结果	检测项目	WS 结晶盐1# 检测结果
2,4- 二硝基氯苯	未检出	乙苯	未检出
五氯酚及五氯酚钠	未检出	二甲苯	未检出
苯酚	未检出	氯苯	未检出
2,4- 二氯苯酚	未检出	1,4- 二氯苯	未检出
2,4,6- 三氯苯酚	未检出	1,2- 二氯苯	未检出
苯并（a）芘	未检出	丙烯腈	未检出
邻苯二甲酸二丁酯	未检出	三氯甲烷	未检出
邻苯二甲酸二辛酯	未检出	四氯化碳	未检出
多氯联苯	未检出	三氯乙烯	未检出
苯	未检出	四氯乙烯	未检出
甲苯	未检出		

4.3.5 毒性物质含量

4.3.5.1 毒性物质含量定义

根据《危险废物鉴别标准 毒性物质含量鉴别》（GB 5085.6—2007）规定，符合下列条件之一的固体废物是危险废物。

①含有本标准附录 A 中的一种或一种以上剧毒物质的总含量≥0.1%。

②含有本标准附录 B 中的一种或一种以上有毒物质的总含量≥3%。

③含有本标准附录 C 中的一种或一种以上致癌性物质的总含量≥0.1%。

④含有本标准附录 D 中的一种或一种以上致突变性物质的总含量≥0.1%。

⑤含有本标准附录 E 中的一种或一种以上生殖毒性物质的总含量≥0.5%。

⑥含有本标准附录 A 至附录 E 中两种及以上不同毒性物质，如果符合

下列等式，则按照危险废物管理：

$$\sum\left[\left(\frac{p_{\mathrm{T}}^{+}}{L_{\mathrm{T}}^{+}}+\frac{p_{\mathrm{T}}}{L_{\mathrm{T}}}+\frac{p_{\mathrm{Carc}}}{L_{\mathrm{Carc}}}+\frac{p_{\mathrm{Muta}}}{L_{\mathrm{Muta}}}+\frac{p_{\mathrm{Tera}}}{L_{\mathrm{Tera}}}\right)\right]\geqslant 1$$

式中：p_{T}^{+}——固体废物中剧毒物质的含量；

$\quad\quad p_{\mathrm{T}}$——固体废物中有毒物质的含量；

$\quad\quad p_{\mathrm{Carc}}$——固体废物中致癌性物质的含量；

$\quad\quad p_{\mathrm{Muta}}$——固体废物中致突变性物质的含量；

$\quad\quad p_{\mathrm{Tera}}$——固体废物中生殖毒性物质的含量；

$\quad\quad L_{\mathrm{T}}^{+}$、$L_{\mathrm{T}}$、$L_{\mathrm{Carc}}$、$L_{\mathrm{Muta}}$、$L_{\mathrm{Tera}}$——各种毒性物质在①～⑤中规定的标准值。

⑦含有本标准附录 F 中的任何一种持久性有机污染物（除多氯二苯并对二噁英、多氯二苯并呋喃外）的含量≥50 mg/kg。

⑧含有多氯二苯并对二噁英和多氯二苯并呋喃的含量≥15 μg TEQ/kg。

4.3.5.2　待鉴别固体废物分析

根据企业提供的原辅材料使用情况，结合《危险废物鉴别标准　毒性物质含量鉴别》（GB 5085.6—2007）所列危害成分项目表，本次毒性物质含量初筛在结晶盐卸料口随机采集样品，进行有机污染物全扫检测、全成分分析检测和重金属含量检测。

根据样品有机污染物全扫检测结果，样品中未检出有机物成分，结合项目原辅料使用情况，可以排除《危险废物鉴别标准　毒性物质含量鉴别》（GB 5085.6—2007）附录中的有机毒性物质指标。

由于原辅料中含有氰化钠，本次随机采集了 3 个样品进行氰化物含量检测。根据检测结果（氰化物含量最大值为 0.48 mg/kg）折算可知样品中氰化钠含量（含量最大值为 0.000 09%）远低于标准限值（0.1%）。且考虑到氰化钠易水解生成氰化氢，含盐废水经蒸发结晶处理前也会加入硫酸进行中和等，故本次不再考虑含氰毒性物质。根据样品全成分分析检测结果、重金属含量检测结果，样品主要成分为硫酸钠等物质，样品中重金属含量较低或未检出。综合分析，本次可以排除《危险废物鉴别标准　毒性物质含量鉴别》（GB 5085.6—2007）附录中的无机毒性物质指标。

综合上述分析，本次鉴别的结晶盐不具有毒性物质含量特性。

4.3.6　急性毒性

4.3.6.1　急性毒性定义

根据《危险废物鉴别标准　急性毒性初筛》（GB 5085.2—2007）规定，符合下列条件之一的固体废物，属于危险废物。

①经口摄取：固体 $LD_{50} \leqslant 200$ mg/kg，液体 $LD_{50} \leqslant 500$ mg/kg。

②经皮肤接触：$LD_{50} \leqslant 1\,000$ mg/kg。

③蒸气、烟雾或粉尘吸入：$LC_{50} \leqslant 10$ mg/L。

4.3.6.2　待鉴别固体废物分析

本次鉴别的固体废物为结晶盐，不属于气态物质，则主要考虑经口急性毒性危险特性检测。根据项目生产工艺资料、原辅料化学品安全技术说明书（MSDS）资料以及结晶盐全成分检测结果，结晶盐本身属于较稳定的体系，且以硫酸钠、氯化钠等为主要成分，急性毒性（LD_{50}，小鼠经口）均大于 200 mg/kg，并结合样品经口急性毒性初筛检测结果，可以判断本次鉴别的结晶盐不具有急性毒性危险特性。

4.3.7　危险特性鉴别检测因子

经综合分析固体废物产生过程生产工艺、原辅材料、产生环节和主要危害成分，结合初筛样品检测结果，本次危险特性鉴别检测因子主要包括：

①腐蚀性鉴别：pH。

②浸出毒性鉴别：氰化物、甲苯、二甲苯。

4.4　案例分析

4.4.1　样品采集

本次鉴别样品的采集范围主要根据《工业固体废物采样制样技术规范》（HJ/T 20—1998）、《危险废物鉴别技术规范》（HJ 298—2019）确定。

根据《危险废物鉴别技术规范》（HJ 298—2019），连续产生固体废物时，应以确定的工艺环节 1 个月内的固体废物产生量为依据，按照表 4-2 确定需采集样品的最小份样数。

表 4-2　固体废物采集最小份样数

固体废物量 （以 q 表示）/t	最小份样数 / 个	固体废物量 （以 q 表示）/t	最小份样数 / 个
$q \leqslant 5$	5	$90 < q \leqslant 150$	32
$5 < q \leqslant 25$	8	$150 < q \leqslant 500$	50
$25 < q \leqslant 50$	13	$500 < q \leqslant 1\,000$	80
$50 < q \leqslant 90$	20	$q > 1\,000$	100

根据《危险废物鉴别技术规范》（HJ 298—2019），固体废物来源于连续生产工艺并且设施长期稳定运行、原辅材料类别和来源稳定，可适当减少采样份样数。根据企业提供的资料，结晶盐 1 个月内的产生量为 150 t 左右。经现场核实，目前四甲基胍项目生产过程原辅材料类别和来源稳定、生产工序稳定、废水处理设施稳定运行。结合上述规范要求，同时考虑样品的代表性，本次采集的结晶盐份样数为 32 个，满足《危险废物鉴别技术规范》（HJ 298—2019）的要求。采样前，清洁卸料口，并适当排出结晶盐后再采集样品；采样时用木托盘接住卸料口，按照时间间隔接取当天所需份样量的结晶盐。

考虑到采样期间我国对新冠肺炎疫情的防控要求，本次采样集中在半个月左右完成。

具体采样安排如表4-3所示。

表4-3　样品采集安排一览表

日期	取样	数量
2021年4月12日	WS1#～WS2#	2
2021年4月13日	WS3#～WS4#	2
2021年4月14日	WS5#～WS6#	2
2021年4月15日	WS7#～WS8#	2
2021年4月16日	WS9#～WS10#	2
2021年4月17日	WS11#～WS12#	2
2021年4月18日	WS13#～WS14#	2
2021年4月19日	WS15#～WS16#	2
2021年4月20日	WS17#～WS18#	2
2021年4月21日	WS19#～WS20#	2
2021年4月22日	WS21#～WS22#	2
2021年4月23日	WS23#～WS24#	2
2021年4月24日	WS25#～WS26#	2
2021年4月25日	WS27#～WS28#	2
2021年4月26日	WS29#～WS30#	2
2021年4月27日	WS31#～WS32#	2
合计		32

注：4月24日—4月27日期间每天采集1个平行样。

4.4.2　质量控制

①有效防止采样过程中的交叉污染。

②取样时，对取样设备进行清洁后再使用。

③建立采样组自检制度，明确职责和分工。每日采样结束后进行自检，检查内容包括每天采集样品个数、样品重量、样品标签、记录完整性

和准确性。

④样品采集后置于冰箱内低温保存。在样品运输过程中，为防止受外界污染，将所有样品放置于密封袋，用气泡膜包裹后采用冷藏运送方式运输。

⑤对样品采样过程进行拍照。

4.4.3   检测结果

4.4.3.1   腐蚀性检测结果

样品腐蚀性检测结果如表 4-4 所示。

表 4-4   腐蚀性检测结果

序号	样品编号	腐蚀性 （pH，量纲一）	序号	样品编号	腐蚀性 （pH，量纲一）
1	WS1#	9.74	19	WS19#	11.14
2	WS2#	9.74	20	WS20#	11.16
3	WS3#	10.41	21	WS21#	9.90
4	WS4#	10.34	22	WS22#	9.87
5	WS5#	10.87	23	WS23#	9.52
6	WS6#	10.83	24	WS24#	9.46
7	WS7#	10.08	25	WS25#	9.70
8	WS8#	10.04	26	WS25#-平行	9.62
9	WS9#	9.75	27	WS26#	9.73
10	WS10#	9.74	28	WS27#	9.90
11	WS11#	9.89	29	WS27#-平行	9.94
12	WS12#	9.88	30	WS28#	9.88
13	WS13#	10.67	31	WS29#	9.73
14	WS14#	10.74	32	WS29#-平行	9.70
15	WS15#	10.70	33	WS30#	9.69
16	WS16#	10.74	34	WS31#	9.68
17	WS17#	10.33	35	WS31#-平行	9.65
18	WS18#	10.38	36	WS32#	9.69
标准限值		≥12.5 或≤2.0	标准限值		≥12.5 或≤2.0

　　检测结果显示，本次采集的 32 个样品和 4 个平行样腐蚀性检测结果均未超出《危险废物鉴别标准　腐蚀性鉴别》（GB 5085.1—2007）的相应标准限值。

4.4.3.2　浸出毒性检测结果

　　样品浸出毒性检测结果如表 4-5 所示。

　　检测结果显示，本次采集的 32 个样品和 4 个平行样浸出毒性检测结果均未超出《危险废物鉴别标准　浸出毒性鉴别》（GB 5085.3—2007）的相应标准限值。

表 4-5　浸出毒性检测结果　　　　　　　　单位：mg/L

序号	样品编号	检测项目		
		氰化物	甲苯	二甲苯
1	WS1#	0.376	4×10^{-4}	未检出
2	WS2#	0.368	3×10^{-4}	未检出
3	WS3#	0.147	1.8×10^{-3}	未检出
4	WS4#	0.140	1.9×10^{-3}	未检出
5	WS5#	0.216	1.4×10^{-3}	未检出
6	WS6#	0.237	1.4×10^{-3}	未检出
7	WS7#	0.206	1.04×10^{-2}	未检出
8	WS8#	0.225	1.26×10^{-2}	未检出
9	WS9#	0.361	2×10^{-4}	未检出
10	WS10#	0.271	5×10^{-4}	未检出
11	WS11#	0.112	4×10^{-4}	未检出
12	WS12#	0.121	4×10^{-4}	未检出
13	WS13#	0.124	5×10^{-4}	未检出
14	WS14#	0.116	4×10^{-4}	未检出
15	WS15#	0.105	1.9×10^{-3}	未检出
16	WS16#	0.143	1.8×10^{-3}	未检出
17	WS17#	0.136	3×10^{-4}	未检出

序号	样品编号	检测项目		
		氰化物	甲苯	二甲苯
18	WS18#	0.152	3×10^{-4}	未检出
19	WS19#	0.095	未检出	未检出
20	WS20#	0.105	未检出	未检出
21	WS21#	0.042	7×10^{-4}	未检出
22	WS22#	0.054	8×10^{-4}	未检出
23	WS23#	0.019	8×10^{-4}	未检出
24	WS24#	0.022	5×10^{-4}	未检出
25	WS25#	0.034	5.3×10^{-3}	未检出
26	WS25#- 平行	0.038	4.8×10^{-3}	未检出
27	WS26#	0.027	5.6×10^{-3}	未检出
28	WS27#	0.040	未检出	未检出
29	WS27#- 平行	0.045	未检出	未检出
30	WS28#	0.053	3×10^{-4}	未检出
31	WS29#	0.047	1.1×10^{-3}	未检出
32	WS29#- 平行	0.040	1.2×10^{-3}	未检出
33	WS30#	0.042	1.3×10^{-3}	未检出
34	WS31#	0.025	未检出	未检出
35	WS31#- 平行	0.028	2×10^{-4}	未检出
36	WS32#	0.037	未检出	未检出
标准限值		5	1	4
超标份样数下限 / 个		8	8	8
超标份样数 / 个		0	0	0

4.4.4　结论

　　本次某公司四甲基胍项目产生的结晶盐危险特性鉴别工作严格依据《危险废物鉴别技术规范》（HJ 298—2019）、《危险废物鉴别标准　腐蚀性鉴别》（GB 5085.1—2007）、《危险废物鉴别标准 急性毒性初筛》（GB 5085.2—2007）、《危险废物鉴别标准 浸出毒性鉴别》（GB 5085.3—2007）、《危险废物鉴别标准 易燃性鉴别》（GB 5085.4—2007）、《危险废物鉴别标准 反应性鉴别》（GB 5085.5—2007）、《危险废物鉴别标准 毒性物质含量鉴别》（GB 5085.6—2007）和《危险废物鉴别标准 通则》（GB 5085.7—2019）等技术规范和标准进行，分别从腐蚀性、急性毒性、浸出毒性、易燃性、反应性、毒性物质含量 6 个方面进行分析论证，并进行相应的采样和检测分析。结合现场勘查、资料分析及检测结果进行综合判定，本次所鉴别的四甲基脒项目产生的结晶盐不具有腐蚀性、急性毒性、浸出毒性、易燃性、反应性及毒性物质含量危险特性，不属于危险废物。

4.5 小结

本次鉴别的物质为废水处理产生的结晶盐，属于《固体废物鉴别标准 通则》（GB 34330—2017）中"4.3 环境治理和污染控制过程中产生的物质""e）水净化和废水处理产生的污泥及其他废弃物质"，故本次鉴别的物质属于固体废物。根据《固体废物鉴别标准 通则》（GB 34330—2017），可以判断本项目处理的废水不属于液态废物。经查阅相关资料，本次鉴别的结晶盐未纳入《国家危险废物名录（2021 年版）》。

为确定本次固体废物危险特性鉴别的检测项目，在结晶盐卸料口采集具有代表性的样品，对样品进行反应性、易燃性、腐蚀性、浸出毒性、有机污染物全扫、重金属含量、急性毒性初筛和全成分检测。经综合分析固体废物产生过程生产工艺、原辅材料、产生环节和主要危害成分，结合初筛样品检测结果，可以判断本次鉴别的结晶盐不具有反应性、易燃性、毒性物质含量和急性毒性危险特性。本次危险特性鉴别检测主要考虑腐蚀性和浸出毒性，根据检测结果判断本次鉴别的物质不属于危险废物。

第5章

金矿企业尾矿渣危险特性鉴别

5.1　企业概况

　　某公司是一家专业从事黄金开采、选矿以及冶炼的民营企业，具有地质勘查、采矿、选矿、冶炼等综合生产能力。因业务发展需要，企业于2018 年启动了某金矿（探采整合）项目的环境影响评价工作，当地环保主管部门要求企业委托有资质技术单位按照相关技术规范和技术标准对公司某金矿尾矿进行危险特性鉴别。

　　2019 年 12 月，受该公司委托，生态环境部华南环境科学研究所技术人员对该公司进行了现场勘查，并结合环评报告及企业委托相关检测单位对该企业尾矿进行浸出毒性及重金属含量检测的分析报告，编制完成了《尾矿危险特性鉴别方案》。并于 2020 年 1 月 4 日在当地组织召开了专家评审会，与会 5 位专家认为《尾矿危险特性鉴别方案》编制规范，拟检测指标选取较合理，方案总体可行。2020 年 1—3 月完成样品采集，经实验室检测分析样品后，编制完成了《尾矿危险特性鉴别报告》。

　　该项目主要概况如下。

　　鉴别事项：本次鉴别对象为该金矿采用的"金蝉环保提金剂提金－炭浆法"工艺选矿所产生的尾矿，其中不包括原来使用氰化钠选矿时所产生的尾矿以及历史堆存的尾矿。

　　采矿工程：采矿权总面积为 1.956 5 km^2。金矿开采采用地下开采方式。根据委托方提供的资料，矿山开采规模为 5.94 万 t/a（180 t/d），入选金（Au）矿石金品位为 3.45 g/t（Au）。

　　生产规模及产品方案：采、选 180 t/d 金矿石。最终产品合质金锭（纯度 95%）155.48 kg/a。

　　采矿工艺：本项目采用地下开采方式，浅孔留矿嗣后废石充填以及上向水平分层废石充填采矿方法。

　　选冶工艺：破碎采用"两段一闭路"工艺，破碎产品粒度为 0～

12 mm。磨矿均采用"两段连续闭路磨矿"工艺，磨矿细度 0～200 目占 90%。浸出吸附采用"金蝉环保提金剂提金 - 炭浆法"工艺，浸出浓度为 40%，浸出时间为 36 h。两条生产线采用一套解吸电解装置。载金炭采用常温常压无氰解吸电解及冶炼工艺流程，最终生产的产品为合质金锭。两条生产线浸出尾矿采用一套尾矿压滤系统进行压滤。

尾矿处理工艺过程：浸出渣自流至紧邻的 2 台 ϕ 4000×4000 搅拌槽内，经渣浆泵给矿至 2 台 HMZG800/2000-U 型快开式隔膜压榨厢式压滤机进行压滤。

5.2 要点、难点及解决方法

本次待鉴别物质为金矿尾矿，根据《国家危险废物名录》（2016 年版），"HW33 无机氰化物废物"中"采用氰化物进行黄金选矿过程中产生的氰化尾渣和含氰废水处理污泥"属于危险废物（废物代码为 092-003-33，危险特性为 T）。而本次待鉴别金矿尾矿生产过程采用"金蝉环保提金剂提金 - 炭浆法"工艺，首先需要对"金蝉环保提金剂"的毒性危险特性进行鉴别，这是后续依据鉴别流程进行检测分析的前提。

本次鉴别的尾矿涉及的"金蝉环保提金剂"是具有自主知识产权的新型碱性环保浸出药剂，属于化工合成的混合物，并非单一的物质。根据生产公司提供的技术资料，在碱性溶液中"金蝉"的主要物质组分包括碳化三聚氰酸钠、碱性硫脲、碱性聚合铁、碱和碳酸盐等，其中碳化三聚氰酸钠中的氰基（—CN）是以共价键的方式连接在一起的，由于结构上的原因和空间位阻的关系，这类氰基（—CN）在碱性条件下通常不会解离出游离氰根离子（CN⁻），因此与氰化物相比，毒性极低。判断本次待鉴别物质不属于《国家危险废物名录》（2016 年版）中的"采用氰化物进行黄金选矿过程中产生的氰化尾渣和含氰废水处理污泥"。

5.3　危险特性识别

5.3.1　反应性

根据《危险废物鉴别标准　反应性鉴别》（GB 5085.5—2007）的规定，符合"①具有爆炸性质；②与水或酸接触产生易燃气体或有毒气体；③废弃氧化剂或有机过氧化物"其中一个条件的固体废物具有反应性危险特性。

根据企业生产工艺流程可知，在矿石浸提过程中，矿石中物质均不会发生剧烈的化学反应。浸提过程中添加碱，未产生明显的易燃气体或有毒气体。企业委托当地地质测试研究中心对压滤车间产出的尾矿进行的成分检测结果显示，尾矿富含二氧化硅（SiO_2）、氧化铝（Al_2O_3）、氧化钙（CaO）等，为稳定的无机物体系，不属于废弃氧化剂或有机过氧化物，不具有爆炸性质。根据成分分析可知，遇酸产生的氰化氢气体远小于 250 mg/kg（—CN 含量 0.000 18%，折算氰化氢 1.9 mg/kg）。结合样品遇酸反应性检测结果，判断本次鉴别的固体废物不具有反应性危险特性。

5.3.2　易燃性

根据《危险废物鉴别标准　易燃性鉴别》（GB 5085.4—2007）的规定，"在标准温度和压力（25℃，101.3 kPa）下因摩擦或自发性燃烧而起火，经点燃后能剧烈而持续地燃烧并产生危害的固态废物"是具有易燃性危险特性的。

根据现场勘查情况，本次鉴别的尾矿含水率较高，不能由明火点燃。待鉴别尾矿为矿石处理后产物，从其来源分析可知不含有易燃性物质，且尾矿本身是一个较为稳定的体系，在常温常压下性质稳定，不会因摩擦或自发性燃烧而起火，不具备易燃性危险特性的筛选条件，故判断本次鉴别的固体废物不具有易燃性危险特性。

5.3.3　腐蚀性

根据《危险废物鉴别标准　腐蚀性鉴别》（GB 5085.1—2007）的规定，"按照 GB/T 15555.12—1995 的规定制备的浸出液，pH≥12.5，或者 pH≤2.0"，即可判定为危险废物。

企业委托第三方机构于 2019 年 9 月 3 日对尾矿进行的检测分析结果显示，样品尾矿浸出液 pH 为 8.66；2018 年 5 月 27 日 5 个样品尾矿浸出液 pH 在 8.02～8.50，不满足《危险废物鉴别标准　腐蚀性鉴别》（GB 5085.1—2007）pH≥12.5 或者 pH≤2.0 的要求，由此可以判断企业所产生尾矿不具有腐蚀性危险特性。

5.3.4　浸出毒性

企业矿石元素主要为金（Au）、银（Ag）、砷（As）、铜（Cu）、铅（Pb）、锌（Zn）、铁（Fe）、硫（S）等，所以浸提后产生的尾矿以无机物为主，不含有《危险废物鉴别标准　浸出毒性鉴别》（GB 5085.3—2007）中的挥发性有机化合物、半挥发性有机化合物及有机农药等物质。企业委托第三方机构于 2019 年 9 月 3 日对尾矿进行了浸出毒性检测，浸出毒性检测结果如表 5-1 所示，尾矿浸出液除砷（As）、铅（Pb）占标率较高之外，其他检测指标占标率均非常低；于 2018 年 5 月 27 日对尾矿进行了浸出毒性检测，检测结果如表 5-2 所示，尾矿浸出液除砷（As）、镍（Ni）占标率较高之外，其他检测指标均未检出。此外，企业委托第三方机构于 2019 年 1 月 3 日对尾矿进行的浸出毒性初筛检测结果显示（如表 5-3 所示），尾矿浸出液除砷占标率较高之外，其他检测指标占标率均较低或未检出。综合上述分析结果，结合《危险废物鉴别标准　浸出毒性鉴别》（GB 5085.3—2007）所列鉴别因子，浸出毒性检测因子选择砷、铅、镍。

表 5-1　浸出毒性检测结果及占标率（2019 年 9 月）

序号	分析项目	1# 浸出结果 / （mg/L）	占标率 / %	2# 浸出结果 / （mg/L）	占标率 / %	浸出标准 / （mg/L）
1	铬（Cr）	0.003 11	0.02	0.010 3	0.07	15
2	六价铬（Cr^{6+}）	0.004	0.08	0.004	0.08	5
3	砷（As）	0.70	14.00	0.68	13.60	5
4	镍（Ni）	0.005 54	0.11	0.007 37	0.15	5
5	铜（Cu）	0.023	0.02	0.007 13	0.01	100
6	锌（Zn）	0.033 6	0.03	0.021 4	0.02	100
7	银（Ag）	0.000 062	0.00	0.000 11	0.00	5
8	镉（Cd）	0.000 38	0.04	0.000 43	0.04	1
9	硒（Se）	0.000 77	0.04	0.000 19	0.02	1
10	铅（Pb）	0.078 1	1.56	0.041 7	0.83	5
11	汞（Hg）	0.000 44	0.44	0.000 06	0.06	0.1
12	钡（Ba）	0.148	0.15	0.033 6	0.03	100
13	铍（Be）	0.000 1	0.50	0.000 1	0.50	0.02
14	氰化物（CN⁻）	0.007 6	0.15	0.006	0.12	5

表 5-2　浸出毒性检测结果及占标率（2018 年 5 月）

序号	分析项目	样品编号					标准限值
		WKS-1	WKS-2	WKS-3	WKS-4	WKS-5	
1	砷（As）/ （mg/L）	0.851	0.550	0.498	0.446	0.528	5
	占标率 /%	17.02	11.0	9.96	8.92	10.56	—
2	镍（Ni）/ （mg/L）	0.003 52	0.003 75	0.002 2	0.002 28	0.001 78	5
	占标率 /%	0.07	0.08	0.04	0.05	0.03	—
3	烷基汞 / （mg/L）	未检出	未检出	未检出	未检出	未检出	100
	占标率 /%	—	—	—	—	—	
4	铍（Be）/ （mg/L）	未检出	未检出	未检出	未检出	未检出	0.02
	占标率 /%	—	—	—	—	—	

表5-3 浸出毒性检测结果及占标率(初筛)

序号	分析项目	WS200103-1/(mg/L)	占标率/%	WS200103-2/(mg/L)	占标率/%	WS200103-3/(mg/L)	占标率/%	WS200103-4/(mg/L)	占标率/%	WS200103-5/(mg/L)	占标率/%	标准限值/(mg/L)
1	铬(Cr)	未检出	—	未检出	—	未检出	—	未检出	—	未检出	—	15
2	六价铬(Cr^{6+})	未检出	—	未检出	—	未检出	—	未检出	—	未检出	—	5
3	砷(As)	1.55	31	2.00	40	0.643	12.86	0.567	11.34	0.272	5.44	5
4	镍(Ni)	未检出	—	未检出	—	未检出	—	未检出	—	未检出	—	5
5	铜(Cu)	未检出	—	未检出	—	未检出	—	未检出	—	未检出	—	100
6	锌(Zn)	未检出	—	未检出	—	未检出	—	0.02	0.02	未检出	—	100
7	银(Ag)	未检出	—	未检出	—	未检出	—	未检出	—	未检出	—	5
8	镉(Cd)	未检出	—	未检出	—	未检出	—	未检出	—	未检出	—	1
9	硒(Se)	未检出	—	未检出	—	未检出	—	未检出	—	未检出	—	1
10	铅(Pb)	未检出	—	未检出	—	未检出	—	未检出	—	未检出	—	5
11	汞(Hg)	未检出	—	未检出	—	未检出	—	未检出	—	未检出	—	0.1
12	钡(Ba)	未检出	—	未检出	—	未检出	—	未检出	—	未检出	—	100
13	铍(Be)	未检出	—	未检出	—	未检出	—	未检出	—	未检出	—	0.02
14	氰化物(CN$^-$)	未检出	—	1.1×10^{-3}	0.022	0.145×10^{-3}	0.002	未检出	—	0.436×10^{-3}	0.008	5
15	无机氟化物	0.714	0.714	0.094	0.094	0.325	0.325	0.076	0.076	0.204	0.204	100

5.3.5　毒性物质含量

企业矿石元素主要为金、银、砷、铜、铅、锌、铁、硫等，所以浸提后产生的尾矿以无机物为主，不含有有机化合物。根据企业提供的重金属含量检测报告（如表 5-4 所示），并对照《危险废物鉴别标准　毒性物质含量鉴别》（GB 5085.6—2007）附录中的毒性物质指标，选取出含量值较高（＞10 mg/kg）的铜、锌、铅、砷、汞、铬共 6 种元素，按照《危险废物鉴别标准　毒性物质含量鉴别》（GB 5085.6—2007）附录推荐方法折算为附录中最大分子量的毒性物质，包括附录 A 剧毒物质名录中的毒性物质 3 种（砷酸钠、氰化亚铜钠和硝酸亚汞）、附录 B 有毒物质名录中的毒性物质 1 种（氟硼酸锌）、附录 C 致癌性物质名录中的毒性物质 1 种（铬酸铬）以及附录 E 生殖毒性物质名录中的磷酸铅（如表 5-5 所示）。各指标对应毒性物质含量折算结果如表 5-6 所示。

表 5-4　样品重金属含量检测结果

序号	分析项目	1# 检测值 /（mg/kg）	2# 检测值 /（mg/kg）
1	铜（Cu）	20	18
2	锌（Zn）	79.8	53.4
3	镉（Cd）	0.54	0.41
4	铅（Pb）	141	61.6
5	砷（As）	1 894	1 640
6	汞（Hg）	23.5	22.2
7	银（Ag）	0.78	0.71
8	铬（Cr）	17	21.4

表 5-5　毒性物质筛查

序号	毒性物质	判断依据
		附录 A
1	氰化亚铜	无法直接排除。根据 HJ 298—2019，同一种毒性成分在一种以上毒性物质中存在时，以分子量最高的物质进行计算。故选择氰化亚铜钠为毒性物质含量指标，通过铜含量值折算
2	氰化亚铜钠	

序号	毒性物质	判断依据
3	氰化锌	吸收潮湿空气中的二氧化碳，生成碳酸锌而放出氢氰酸。从项目生产工艺及现状条件判断不具备赋存条件，排除
4	砷酸钠	浸出工段加入了液碱，五氧化二砷易与其反应生成砷酸钠，无法直接排除。根据 HJ 298—2019，同一种毒性成分在一种
5	亚砷酸钠	以上毒性物质中存在时，以分子量最高的物质进行计算。故选择砷酸钠为毒性物质含量指标，通过砷含量值折算
6	碘化汞	
7	硫氰酸汞	无法直接排除。根据 HJ 298—2019，同一种毒性成分在一种
8	氯化汞	以上毒性物质中存在时，以分子量最高的物质进行计算。故
9	氰化汞	选择硝酸亚汞为毒性物质含量指标，通过汞含量值折算
10	硝酸亚汞	
11	四乙基铅	无色透明油状液体，常温下极易挥发。从项目生产工艺及现状条件判断不具备赋存条件，排除
附录 B		
1	氟化锌	无法直接排除。根据 HJ 298—2019，同一种毒性成分在一种
2	氟硼酸锌	以上毒性物质中存在时，以分子量最高的物质进行计算。故选择氟硼酸锌为毒性物质含量指标，通过锌含量值折算
3	氟化铅	无法直接排除。根据 HJ 298—2019，同一种毒性成分在一种
4	四氧化三铅	以上毒性物质中存在时，以分子量最高的物质进行计算。故
5	氧化铅	选择磷酸铅为毒性物质含量指标，通过铅含量值折算
附录 C		
1	铬酸铬	
2	铬酸镉	无法直接排除。根据 HJ 298—2019，同一种毒性成分在一种
3	铬酸锶	以上毒性物质中存在时，以分子量最高的物质进行计算。故选择铬酸铬为毒性物质含量指标，通过铬含量值折算
4	三氧化铬	
5	五氧化二砷	浸出工段加入了液碱，五氧化二砷易与其反应生成砷酸钠，排除
6	三氧化二砷	根据 HJ 298—2019，同一种毒性成分在一种以上毒性物质中存在时，以分子量最高的物质进行计算。故选择砷酸钠为毒性物质含量指标，通过砷含量值折算

续表

序号	毒性物质	判断依据
		附录 D
1	铬酸钠	无法直接排除。根据 HJ 298—2019，同一种毒性成分在一种以上毒性物质中存在时，以分子量最高的物质进行计算。故选择铬酸铬为毒性物质含量指标，通过铬含量值折算
		附录 E
1	铬酸铅	
2	醋酸铅	无法直接排除。根据 HJ 298—2019，同一种毒性成分在一种以上毒性物质中存在时，以分子量最高的物质进行计算。故选择磷酸铅为毒性物质含量指标，通过铅含量值折算
3	叠氮酸铅	
4	磷酸铅	
5	六氟硅酸铅	

表 5-6　各指标对应毒性物质含量折算结果

指标	含量最大值 /（mg/kg）	选取的毒性物质	折算的毒性含量 /%	毒性物质标准限值 /%	占标率 /%
铜	20	（附录 A）氰化亚铜钠	0.005 9	0.1	5.9
汞	23.5	（附录 A）硝酸亚汞	0.006 2	0.1	6.2
砷	1 894	（附录 A）砷酸钠	0.525 5	0.1	525.5
	附录 A 累积毒性物质含量		0.537 6	0.1	537.6
锌	79.8	（附录 B）氟硼酸锌	0.029 2	3	0.97
铬	21.4	（附录 C）铬酸铬	0.005 2	0.1	5.2
铅	141	（附录 E）磷酸铅	0.018 4	0.5	3.68
	累积毒性物质含量综合占比		5.474 5	1	547.45

注：仅为按最不利假设计算毒性物质时选择的化合物，不代表尾矿渣中实际含有。

综合上表分析，在最不利条件下尾矿渣中可能存在的毒性物质含量超过标准限值，其中以含砷毒性物质含量及占比最高。结合占标率、毒性物质含量检测结果以及《危险废物鉴别技术规范》（HJ 298—2019）中关于毒性物质判断的相关要求，本次选取砷酸钠进行检测。

5.3.6 急性毒性

依据《危险废物鉴别标准 急性毒性初筛》（GB 5085.2—2007），当某种化合物的经口摄取 LD_{50}≤200 mg/kg 或经皮肤吸收 LD_{50}≤1 000 mg/kg 时，可认定该物质具有急性毒性危险特性。企业委托当地地质测试研究中心对压滤车间产出的尾矿做了成分检测，根据检测结果，尾矿以二氧化硅（SiO_2）、氧化铝（Al_2O_3）、氧化钙（CaO）等无机化合物为主；此外，企业在选金过程中加入"金蝉环保提金剂"及其他原辅料，企业提供的《金蝉环保型选矿药剂货物危险性鉴定书》（中国广州分析测试中心）确认该公司使用的"金蝉环保提金剂"不属于《危险货物品名表》（GB 12268—2012）中的危险品，不具有毒害危险性。因此，综上所述，尾矿相关无机物毒性均未达到急性毒性的标准限值含量水平，由此可以判别其不具有急性毒性危险特性。

5.3.7 危险特性鉴别检测因子

结合现场调查和资料分析，本次危险特性鉴别项目为浸出毒性和毒性物质含量。

（1）浸出毒性

浸出毒性检测因子：砷、铅、镍。

（2）毒性物质含量

毒性物质含量检测因子：砷酸钠。

5.4 案例分析

5.4.1 样品采集

（1）份样数

根据《危险废物鉴别技术规范》（HJ 298—2019）要求，固体废物为连续产生时，以确定的工艺环节 1 个月内的固体废物产生量为依据，按照

表 5-7 确定需要采集的最小份样数。如果生产周期小于 1 个月，则以 1 个产生时段内的固体废物产生量为依据。

样品采集应分次在 1 个月（或 1 个产生时段）内的时间间隔采集；每次采样在设备稳定运行的 8 h（或 1 个生产班次）内完成。每采集 1 次，作为 1 个份样。

表 5-7　固体废物采集最小份样数

固体废物量（以 q 表示）/t	最小份样数 / 个	固体废物量（以 q 表示）/t	最小份样数 / 个
$q \leq 5$	5	$90 < q \leq 150$	32
$5 < q \leq 25$	8	$150 < q \leq 500$	50
$25 < q \leq 50$	13	$500 < q \leq 1\,000$	80
$50 < q \leq 90$	20	$q > 1\,000$	100

根据企业提供的信息，目前尾矿每天产生量约 180 t，则每月产生量约 5 400 t，本项目需要采集的样品份样数为 100 个。

（2）采样位置

依据《危险废物鉴别技术规范》（HJ 298—2019），采样位置为尾矿板框压滤机。

（3）采样方法

100 个样品分 1 个月采集完成，每天采集样品 3～4 个，此外采样增加 5% 的平行样品。

①固体废物采样工具、采样程序、采样记录和盛样容器参照《工业固体废物采样制样技术规范》（HJ/T 20—1998）的要求进行。

②在采样过程中应采取必要的个人安全防护措施，同时应采取措施防止造成二次污染。

③用《工业固体废物采样制样技术规范》（HJ/T 20—1998）中的系统采样法对各个板框压滤机采集样品。每个板框采集的样品作为 1 个份样。每个样品的份样量不低于 1 000 g。

④采样后立即密封。

⑤样品标签应注明样品类型、采样时间、样品编号、采样人员等信息。

⑥采样过程中填写采样记录表及拍照留底。

⑦制样与样品保存按《工业固体废物采样制样技术规范》（HJ/T 20—1998）的要求进行。

⑧采样时需对 X 射线荧光光谱仪（XRF）扫描结果、采样现场照片、样品照片进行整理。

5.4.2　质量控制

①避免采样过程中的交叉污染。

②取样时，须对取样设备进行清洁；与样品接触的采样工具重复利用时，须清洗后再使用。

③样品流转前，仔细地逐件检查样品标识，采样记录与实际转运样品数量核对无误后，将样品有序存入样品箱。

④样品交接时，由专人将样品送到实验室，送样者和接样者双方同时清点核实样品。

5.4.3　检测结果

本次危险特性鉴别项目共采集 100 个有代表性样品，检测结果显示（如表5-8所示）：所有样品的砷、镍、铅浸出毒性检测结果均未超出《危险废物鉴别标准　浸出毒性鉴别》（GB 5085.3—2007）的相应标准限值，表明该尾矿不具有浸出毒性危险特性。

毒性物质含量鉴别因子为砷酸钠，属于《危险废物鉴别标准　毒性物质含量鉴别》（GB 5085.6—2007）附录 A 物质。检测结果显示（如表5-9所示），本次所检测的 100 个样品中的砷酸钠含量均未超过《危险废物鉴别标准　毒性物质含量鉴别》（GB 5085.6—2007）标准限值，表明该尾矿不具有毒性物质含量危险特性。

表 5-8　固体废物浸出毒性检测结果　　　　　　　单位：mg/L

采样编号	镍	铅	砷
WS200106 尾矿 -1	未检出	未检出	3.96
WS200106 尾矿 -2	未检出	未检出	3.11
WS200106 尾矿 -3	未检出	未检出	3.79
WS200107 尾矿 -1	未检出	未检出	4.32
WS200107 尾矿 -2	未检出	未检出	1.88
WS200107 尾矿 -3	未检出	未检出	4.23
WS200107 尾矿 -4	未检出	未检出	4.22
WS200108 尾矿 -1	未检出	未检出	2.49
WS200108 尾矿 -2	未检出	未检出	2.33
WS200108 尾矿 -3	未检出	未检出	3.57
WS200108 尾矿 -3 平行	未检出	未检出	3.53
WS200109 尾矿 -1	未检出	未检出	2.81
WS200109 尾矿 -2	未检出	未检出	4.26
WS200109 尾矿 -3	未检出	未检出	4.57
WS200109 尾矿 -4	未检出	未检出	3.65
WS200110 尾矿 -1	未检出	未检出	3.65
WS200110 尾矿 -2	未检出	未检出	2.95
WS200110 尾矿 -3	未检出	未检出	3.12
WS200111 尾矿 -1	未检出	未检出	4.34
WS200111 尾矿 -2	未检出	未检出	2.30
WS200111 尾矿 -3	未检出	未检出	3.91
WS200112 尾矿 -1	未检出	未检出	1.75
WS200112 尾矿 -2	未检出	未检出	1.92
WS200112 尾矿 -3	未检出	未检出	3.48
WS200112 尾矿 -4	未检出	未检出	3.78
WS200113 尾矿 -1	未检出	未检出	1.38
WS200113 尾矿 -2	未检出	未检出	2.73

采样编号	镍	铅	砷
WS200113 尾矿 -3	未检出	未检出	4.10
WS200113 尾矿 -3 平行	未检出	未检出	4.21
WS200114 尾矿 -1	未检出	未检出	2.47
WS200114 尾矿 -2	未检出	未检出	2.33
WS200114 尾矿 -3	未检出	0.04	3.85
WS200115 尾矿 -1	未检出	未检出	2.30
WS200115 尾矿 -2	未检出	未检出	1.60
WS200115 尾矿 -3	未检出	未检出	4.07
WS200115 尾矿 -4	未检出	未检出	1.59
WS200116 尾矿 -1	未检出	未检出	2.95
WS200116 尾矿 -2	未检出	未检出	2.56
WS200116 尾矿 -3	未检出	未检出	3.60
WS200117 尾矿 -1	未检出	未检出	3.69
WS200117 尾矿 -2	未检出	未检出	3.43
WS200117 尾矿 -3	未检出	未检出	3.42
WS200118 尾矿 -1	未检出	未检出	3.82
WS200118 尾矿 -2	未检出	未检出	4.04
WS200118 尾矿 -3	未检出	未检出	1.89
WS200118 尾矿 -4	未检出	未检出	0.96
WS200226 尾矿 -1	未检出	未检出	3.18
WS200226 尾矿 -2	未检出	未检出	1.12
WS200226 尾矿 -2 平行	未检出	未检出	1.11
WS200226 尾矿 -3	未检出	未检出	3.26
WS200227 尾矿 -1	未检出	未检出	2.69
WS200227 尾矿 -2	未检出	未检出	0.78
WS200227 尾矿 -3	未检出	未检出	1.78
WS200227 尾矿 -4	未检出	未检出	2.40

采样编号	镍	铅	砷
WS200228 尾矿 -1	未检出	未检出	2.76
WS200228 尾矿 -2	未检出	未检出	2.83
WS200228 尾矿 -3	未检出	未检出	3.27
WS200229 尾矿 -1	未检出	未检出	0.89
WS200229 尾矿 -2	未检出	未检出	2.06
WS200229 尾矿 -3	未检出	未检出	0.74
WS200301 尾矿 -1	未检出	未检出	1.47
WS200301 尾矿 -2	未检出	未检出	1.33
WS200301 尾矿 -3	未检出	未检出	1.00
WS200301 尾矿 -4	未检出	未检出	0.75
WS200302 尾矿 -1	未检出	未检出	0.72
WS200302 尾矿 -1 平行	未检出	未检出	0.75
WS200302 尾矿 -2	未检出	未检出	1.03
WS200302 尾矿 -3	未检出	未检出	0.71
WS200303 尾矿 -1	未检出	未检出	1.23
WS200303 尾矿 -2	未检出	未检出	0.70
WS200303 尾矿 -3	未检出	未检出	0.73
WS200304 尾矿 -1	未检出	未检出	0.44
WS200304 尾矿 -2	未检出	未检出	0.97
WS200304 尾矿 -3	未检出	未检出	1.03
WS200304 尾矿 -4	未检出	未检出	2.38
WS200305 尾矿 -1	未检出	未检出	2.67
WS200305 尾矿 -2	未检出	未检出	0.88
WS200305 尾矿 -3	未检出	未检出	2.92
WS200306 尾矿 -1	未检出	未检出	1.95
WS200306 尾矿 -2	未检出	未检出	2.19
WS200306 尾矿 -3	未检出	未检出	1.12

采样编号	镍	铅	砷
WS200307 尾矿 -1	未检出	未检出	1.36
WS200307 尾矿 -2	未检出	未检出	1.13
WS200307 尾矿 -3	未检出	未检出	3.04
WS200307 尾矿 -4	0.08	未检出	1.66
WS200308 尾矿 -1	未检出	未检出	2.09
WS200308 尾矿 -2	未检出	未检出	2.65
WS200308 尾矿 -3	未检出	未检出	1.46
WS200309 尾矿 -1	未检出	未检出	1.50
WS200309 尾矿 -2	未检出	未检出	3.97
WS200309 尾矿 -3	未检出	未检出	2.85
WS200310 尾矿 -1	未检出	未检出	1.77
WS200310 尾矿 -2	未检出	未检出	3.01
WS200310 尾矿 -3	未检出	未检出	1.36
WS200310 尾矿 -4	未检出	未检出	2.36
WS200311 尾矿 -1	未检出	未检出	2.23
WS200311 尾矿 -2	未检出	0.11	2.48
WS200311 尾矿 -3	未检出	未检出	2.82
WS200312 尾矿 -1	未检出	未检出	1.22
WS200312 尾矿 -2	未检出	未检出	2.34
WS200312 尾矿 -3	未检出	未检出	2.48
WS200312 尾矿 -3 平行	未检出	未检出	2.33
WS200313 尾矿 -1	未检出	未检出	2.40
WS200313 尾矿 -2	未检出	未检出	2.44
WS200313 尾矿 -3	未检出	未检出	1.54
超标份样数下限 / 个	22	22	22
GB 5085.3—2007 标准限值	5	5	5
超标份样数 / 个	0	0	0

表 5-9　固体废物毒性物质含量检测结果

采样编号	砷检测值 /（mg/kg）	折算砷酸钠含量 /%
WS200106 尾矿 -1	127.9	0.035 4
WS200106 尾矿 -2	120.7	0.033 4
WS200106 尾矿 -3	139.1	0.038 5
WS200107 尾矿 -1	129.9	0.036 0
WS200107 尾矿 -2	133.2	0.036 9
WS200107 尾矿 -3	114.4	0.031 7
WS200107 尾矿 -4	118.5	0.032 8
WS200108 尾矿 -1	137.7	0.038 1
WS200108 尾矿 -2	135.4	0.037 5
WS200108 尾矿 -3	129.3	0.035 8
WS200108 尾矿 -3 平行	130.1	0.036 0
WS200109 尾矿 -1	143.6	0.039 8
WS200109 尾矿 -2	112.5	0.031 2
WS200109 尾矿 -3	122.9	0.034 0
WS200109 尾矿 -4	128.4	0.035 6
WS200110 尾矿 -1	126.7	0.035 1
WS200110 尾矿 -2	124	0.034 3
WS200110 尾矿 -3	121.7	0.033 7
WS200111 尾矿 -1	135.7	0.037 6
WS200111 尾矿 -2	124.2	0.034 4
WS200111 尾矿 -3	130.6	0.036 2
WS200112 尾矿 -1	123.1	0.034 1
WS200112 尾矿 -2	116.1	0.032 2
WS200112 尾矿 -3	115.7	0.032 0
WS200112 尾矿 -4	139	0.038 5
WS200113 尾矿 -1	136.3	0.037 8
WS200113 尾矿 -2	130.2	0.036 1

续表

采样编号	砷检测值 / (mg/kg)	折算砷酸钠含量 /%
WS200113 尾矿 -3	129.5	0.035 9
WS200113 尾矿 -3 平行	119.7	0.033 2
WS200114 尾矿 -1	126.4	0.035 0
WS200114 尾矿 -2	113.2	0.031 4
WS200114 尾矿 -3	122.8	0.034 0
WS200115 尾矿 -1	119.1	0.033 0
WS200115 尾矿 -2	123.5	0.034 2
WS200115 尾矿 -3	126.4	0.035 0
WS200115 尾矿 -4	127.8	0.035 4
WS200116 尾矿 -1	112.8	0.031 2
WS200116 尾矿 -2	120.5	0.033 4
WS200116 尾矿 -3	116.1	0.032 2
WS200117 尾矿 -1	117.6	0.032 6
WS200117 尾矿 -2	123.8	0.034 3
WS200117 尾矿 -3	139.7	0.038 7
WS200118 尾矿 -1	129	0.035 7
WS200118 尾矿 -2	114.9	0.031 8
WS200118 尾矿 -3	136.2	0.037 7
WS200118 尾矿 -4	132.2	0.036 6
WS200226 尾矿 -1	129.1	0.035 8
WS200226 尾矿 -2	150.6	0.041 7
WS200226 尾矿 -2 平行	120.6	0.033 4
WS200226 尾矿 -3	125.9	0.034 9
WS200227 尾矿 -1	134.3	0.037 2
WS200227 尾矿 -2	117.2	0.032 5
WS200227 尾矿 -3	127.3	0.035 3
WS200227 尾矿 -4	122.1	0.033 8

续表

采样编号	砷检测值 /（mg/kg）	折算砷酸钠含量 /%
WS200228 尾矿 -1	120.6	0.033 4
WS200228 尾矿 -2	128.2	0.035 5
WS200228 尾矿 -3	120	0.033 2
WS200229 尾矿 -1	117	0.032 4
WS200229 尾矿 -2	125.6	0.034 8
WS200229 尾矿 -3	121.2	0.033 6
WS200301 尾矿 -1	133.1	0.036 9
WS200301 尾矿 -2	116.6	0.032 3
WS200301 尾矿 -3	132.4	0.036 7
WS200301 尾矿 -4	126.6	0.035 1
WS200302 尾矿 -1	121.9	0.033 8
WS200302 尾矿 -1 平行	126.3	0.035 0
WS200302 尾矿 -2	115.9	0.032 1
WS200302 尾矿 -3	110.3	0.030 6
WS200303 尾矿 -1	117.6	0.032 6
WS200303 尾矿 -2	121.2	0.033 6
WS200303 尾矿 -3	122.5	0.033 9
WS200304 尾矿 -1	146.1	0.040 5
WS200304 尾矿 -2	113.4	0.031 4
WS200304 尾矿 -3	111	0.030 7
WS200304 尾矿 -4	116.3	0.032 2
WS200305 尾矿 -1	137.7	0.038 1
WS200305 尾矿 -2	122.7	0.034 0
WS200305 尾矿 -3	118.1	0.032 7
WS200306 尾矿 -1	126.5	0.035 0
WS200306 尾矿 -2	125	0.034 6
WS200306 尾矿 -3	124.9	0.034 6

采样编号	砷检测值 / (mg/kg)	折算砷酸钠含量 /%
WS200307 尾矿 -1	141.8	0.039 3
WS200307 尾矿 -2	138	0.038 2
WS200307 尾矿 -3	118.1	0.032 7
WS200307 尾矿 -4	121.2	0.033 6
WS200308 尾矿 -1	109.3	0.030 3
WS200308 尾矿 -2	129.9	0.036 0
WS200308 尾矿 -3	116.2	0.032 2
WS200309 尾矿 -1	129.9	0.036 0
WS200309 尾矿 -2	116.6	0.032 3
WS200309 尾矿 -3	116.8	0.032 4
WS200310 尾矿 -1	114.6	0.031 7
WS200310 尾矿 -2	116.8	0.032 4
WS200310 尾矿 -3	132.2	0.036 6
WS200310 尾矿 -4	140.6	0.038 9
WS200311 尾矿 -1	114.5	0.031 7
WS200311 尾矿 -2	139.4	0.038 6
WS200311 尾矿 -3	141.6	0.039 2
WS200312 尾矿 -1	112	0.031 0
WS200312 尾矿 -2	127.2	0.035 2
WS200312 尾矿 -3	131.2	0.036 3
WS200312 尾矿 -3 平行	113.2	0.031 4
WS200313 尾矿 -1	143.9	0.039 9
WS200313 尾矿 -2	114.4	0.031 7
WS200313 尾矿 -3	120.2	0.033 3
超标份样数下限 / 个	—	22
GB 5085.6—2007 标准限值	—	0.1%
超标份样数 / 个	—	0

注：仅为按最不利假设计算毒性物质时选择的化合物，不代表尾矿渣中实际含有。

5.4.4　结论

　　该项目属于典型的选矿尾矿固体废物属性鉴别案例。金属矿作为我国重要的非再生矿产资源，一直被开发利用，选矿产生的尾矿对生态环境的影响不断受到关注。由于不同矿山采用的选矿工艺不同，选矿尾矿的危险特性也有所差异。随着《中华人民共和国固体废物污染环境防治法》（2020 年修订版）的实施，对金属矿山产生的固体废物的治理与综合利用工作提出了新要求，并且明确固体废物的危险特性是治理与综合利用工作的前提。

　　本次鉴别金矿采用"金蝉环保提金剂提金 - 炭浆法"工艺选矿所产生的尾矿，不包括原来使用氰化钠选矿时所产生的尾矿以及历史堆存的尾矿。结合危险废物鉴别流程，根据《固体废物鉴别标准　通则》（GB 34330—2017）中"金属矿、非金属矿和煤炭开采、选矿过程产生的废石、尾矿、煤矸石等属于固体废物"，判断本次鉴别的尾矿属于固体废物。

　　无法通过《国家危险废物名录》（2016 年版）以及《危险废物鉴别标准　通则》（GB 5085.7—2019）中相关鉴别规则直接判别该固体废物是否属于危险废物，需通过采样和检测分析确定该固体废物是否具有危险特性。

　　根据《固体废物鉴别标准　通则》（GB 34330—2017）、《危险废物鉴别技术规范》（HJ 298—2019）、1.3.2 节中②～⑦的标准和《危险废物鉴别标准　通则》（GB 5085.7—2019），对本次鉴别尾矿进行了危险特性鉴别，鉴别结论如下：

　　①根据金矿生产工艺、使用原辅材料种类、尾矿产生过程及检测结果分析，可判断该尾矿不具有腐蚀性、反应性、易燃性和急性毒性危险特性。

　　②本次危险特性鉴别浸出毒性检测因子选取砷、铅和镍。根据浸出毒性鉴别检测结果，100 个尾矿样品的砷、铅和镍浸出毒性均未超过《危险废物鉴别标准　浸出毒性鉴别》（GB 5085.3—2007）标准限值，表明该尾

矿不具有浸出毒性危险特性。

③本次危险特性鉴别毒性物质含量检测因子为砷酸钠，属于《危险废物鉴别标准 毒性物质含量鉴别》（GB 5085.6—2007）附录 A 物质。检测结果显示，100 个尾矿样品的砷酸钠含量均未超过《危险废物鉴别标准 毒性物质含量鉴别》（GB 5085.6—2007）标准限值。

综上所述，该金矿浸出吸附采用"金蝉环保提金剂提金 - 炭浆法"工艺，利用"金蝉环保提金剂"提金（"金蝉浸出剂"）选矿所产生的尾矿，不包括原来使用氰化钠选矿所产生的尾矿。该尾矿不具有反应性、腐蚀性、易燃性、急性毒性、浸出毒性及毒性物质含量危险特性，不属于危险废物。

5.5 小结

本次鉴别的物质为金矿选矿过程中产生的尾矿，属于《固体废物鉴别标准 通则》（GB 34330—2017）中"4.2 生产过程中产生的副产物""d）金属矿、非金属矿和煤炭开采、选矿过程产生的废石、尾矿、煤矸石等"表述物质，故本次鉴别的物质属于固体废物。由于企业使用的金蝉牌选矿药剂不属于氰化物，经查阅相关资料，本次鉴别的尾矿未纳入《国家危险废物名录》。

为确定本次固体废物危险特性鉴别的检测项目，在尾矿板框压滤机上采集有代表性样品，并对样品进行了浸出毒性、毒性物质含量检测。经综合分析固体废物产生过程生产工艺、原辅材料、产生环节和主要危害成分，并结合初筛样品检测结果，可以判断本次鉴别的尾矿不具有反应性、易燃性、腐蚀性和急性毒性危险特性。本次危险特性鉴别检测主要考虑浸出毒性和毒性物质含量，根据检测结果判断本次尾矿不属于危险废物。

针对矿渣类固体废物鉴别，特别是伴生金属含量较高的矿渣，在危险特性鉴别时需重点关注反应性（遇酸）、浸出毒性、毒性物质含量指标的筛选及检测。

第6章

生活垃圾焚烧厂玻璃体渣
危险特性鉴别

6.1　企业概况

某发电厂采用前置回转式炉排炉加余热锅炉的方式对生活垃圾进行处理和余热利用，工艺流程如下：

①环卫部门负责将服务区的生活垃圾收集后，由专用垃圾运输车运送至厂区垃圾接收系统入口，生活垃圾称量后，由运输车辆在垃圾卸料大厅将生活垃圾卸入垃圾储坑内。卸料大厅及垃圾储坑采用负压控制，抽出的臭气作为助燃空气抽送至炉膛内焚烧。

②垃圾在垃圾储坑内停放 5～7 天，滤出部分水分以提高热值，同时由桁车抓斗对垃圾进行翻混，使坑内垃圾成分均匀，保持进炉垃圾的成分稳定。满足焚烧要求的垃圾将按负荷量由抓斗送入炉排焚烧炉焚烧。垃圾储坑底部设有渗滤液收集池，将垃圾堆放过程中产生的渗滤液收集后送至污水处理站以进行处理回收利用。

③本工程采用前置回转式炉排炉加余热锅炉的方式，前置回转炉床对垃圾进行预处理，对垃圾进行搅拌干燥及部分热解。干燥并混合均匀的垃圾进入后面的炉排炉进行燃烧，燃烧产生的高温烟气进入后序的余热锅炉。

④从余热锅炉产生的烟气进入烟气处理系统，烟气中的酸性气体〔二氧化硫（SO_2）、氯化氢（HCl）〕、重金属、二噁英类和烟尘等烟气污染物处理达标后高空排放。

⑤焚烧烟气进入余热锅炉、烟气净化系统时，由于重力、离心力、布袋除尘器捕集等因素作用，烟气中的烟尘、脱酸反应产物、活性炭等沉降至刮板输送机后收集起来的物质统称为飞灰。

焚烧飞灰经气力输送至等离子飞灰储罐暂存。等离子熔融炉运行时，飞灰经等离子熔融炉飞灰进口进入炉内，在高温（约 1 400℃）状况下，飞灰中有机物发生热分解气化，而无机物熔融形成玻璃态熔渣，玻璃态熔渣出炉迅速被水冷却后收集。产生的烟气采用"重力除尘器＋喷雾急冷反应塔＋布袋除尘＋湿法洗涤塔＋SCR反应器＋活性炭吸附"组合工艺处理达标后，再由35 m烟囱高空排放。

飞灰熔融的主要原理是：在高温（约1 400℃）状况下，飞灰中有机物发生热分解、燃烧及气化，而无机物熔融形成玻璃态熔渣。飞灰经熔融处理后，其中的二噁英等有机物受热分解、被破坏；飞灰中所含沸点较低的重金属盐类转移到气体中并以熔融飞灰的形式被捕集；其余的金属则转移到玻璃熔渣中，而飞灰熔融后玻璃体内晶格被破坏，重金属物质被玻璃体包裹，大大降低了重金属的危险废物浸出毒性特性。

2017年8月至2019年11月，等离子体焚烧飞灰处理装置共计产生玻璃体渣4 891.62 t，已暂时停运至今。目前，等离子体焚烧飞灰处置装置产生的玻璃体渣均堆存在公司厂区内。2021年6月，企业为进一步强化固体废物的合法合规管理，规范玻璃体渣的处理处置方式，特委托生态环境部华南环境科学研究所开展本次玻璃体渣的危险特性鉴别工作。

6.2　要点、难点及解决方法

根据《国家危险废物名录（2021年版）》"HW18焚烧处置残渣"中"危险废物等离子体、高温熔融等处置过程中产生的非玻璃态物质和飞灰"，本次鉴别的要点首先是确定该物质是否为玻璃态。根据定义，固态物质分为晶体和非晶体，构成晶体的原子（或离子或分子）具有一定的空间结构（即晶格），晶体具有一定的晶体形状和固定熔点，并不具有各向同性。玻璃态就是一种非晶体，非晶体是固体中除晶体以外的固体。非晶体没有固定的形状和固定熔点，具有各向同性。解决方法是采用《多晶体X射线衍射方法通则》（JY/T 0587—2020）对样品进行分析，获得被鉴定物质玻璃态的定量数据。为明确本次鉴别的固体废物的玻璃体特性，针对堆存的固体废物，随机采集了5个样品进行XRD和玻璃熔融片XRF检测，检测结果显示样品的玻璃化程度均较好，即样品为玻璃体物质。

由于飞灰熔融工艺存在高温、急冷等工艺环节，飞灰原料具有成分复杂的特性，因此飞灰熔融后产物中各化合物的形态识别较为复杂，这是本项目的难点之一。解决方法是综合考虑飞灰中重金属类型、高温过程以及各化合物形态分析检测等，确定待鉴定物质中的毒性物质种类。

6.3 危险特性识别

采集少量有代表性样品，根据相关危险废物鉴别标准的要求，开展反应性、易燃性、腐蚀性、浸出毒性、毒性物质含量、急性毒性的危险特性鉴别检测。

6.3.1 反应性

本次鉴别的玻璃体渣为等离子体高温熔炼后的炉渣经冷却形成的废渣，本身是一个较为稳定的体系，不属于氧化剂或爆炸性物质，从物质构成分析可知，其与水、酸反应不具备产生大量易燃气体或足以危害人体健康或环境的有毒气体、蒸气或烟雾的条件，因而不具备反应性危险特性的筛选条件，故判断本次鉴别的玻璃体渣不具有反应性危险特性。

6.3.2 易燃性

本次鉴别的玻璃体渣为等离子体高温熔炼后的炉渣经冷却形成的废渣，本身是一个较为稳定的体系，其不属于氧化剂或爆炸性物质，不具备易燃性危险特性的筛选条件，故判断本次鉴别的玻璃体渣不具有易燃性危险特性。

6.3.3 腐蚀性

本次鉴别的玻璃体渣为等离子体高温熔炼后的炉渣经冷却形成的废渣，不涉及强酸性或强碱性物质，结合初筛样品腐蚀速率及 pH 检测结果（如表 6-1 所示），判断本次鉴别的玻璃体渣不具有腐蚀性危险特性。

表 6-1　样品腐蚀性检测结果

检测项目	样品编号					标准限值
	1#	2#	3#	4#	5#	
pH（量纲一）	10.50	10.89	10.02	10.44	10.22	≥12.5 或 ≤2.0
腐蚀速率 /（mm/a）	0.131	0.124	0.168	0.195	0.165	≥6.35

6.3.4　浸出毒性

根据企业提供的原辅料以及处理工艺等资料，本次鉴别的固体废物不含有机农药成分，结合样品浸出毒性初筛检测结果，可排除《危险废物鉴别标准　浸出毒性鉴别》（GB 5085.3—2007）中"非挥发性有机化合物及挥发性有机化合物"等对应指标。考虑原辅料中的飞灰可能含重金属等物质，结合样品重金属含量检测结果，本次浸出毒性鉴别指标主要选取无机元素及化合物。鉴别因子包括铜、铅、锌、镉、总铬、六价铬、砷、钡、无机氟化物等，样品浸出毒性检测结果如表 6-2 所示。

表 6-2　样品浸出毒性检测结果　　　　　　　　　　单位：mg/L

检测项目	样品编号					标准限值	占标率 /%
	1#	2#	3#	4#	5#		
铜	0.02	未检出	0.23	0.05	0.03	100	0.02～0.23
锌	0.21	0.12	2.21	0.51	1.33	100	0.12～2.21
镉	未检出	未检出	0.04	未检出	未检出	1	4
铅	未检出	未检出	0.13	0.07	未检出	5	1.4～2.6
总铬	0.57	0.39	0.08	0.07	0.40	15	0.46～3.8
镍	未检出	未检出	未检出	未检出	未检出	5	—
银	0.01	未检出	未检出	未检出	未检出	5	0.2
六价铬	0.450	0.339	未检出	未检出	0.342	5	6.78～9
汞	未检出	未检出	未检出	未检出	未检出	0.1	—
钡	0.26	0.20	0.38	0.13	1.48	100	0.13～1.48

续表

检测项目	样品编号					标准限值	占标率 /%
	1#	2#	3#	4#	5#		
铍	未检出	未检出	未检出	未检出	未检出	0.02	—
砷	6.68×10^{-3}	1.40×10^{-2}	3.81×10^{-3}	5.63×10^{-3}	1.36×10^{-2}	5	0.07～0.28
硒	未检出	未检出	未检出	未检出	未检出	1	—
无机氟化物	0.118	0.373	0.581	0.109	2.48	100	0.11～2.48
甲基汞	未检出	未检出	未检出	未检出	未检出	不得检出	—
乙基汞	未检出	未检出	未检出	未检出	未检出	不得检出	—
氰化物	未检出	未检出	未检出	未检出	未检出	5	—
硝基苯	未检出	未检出	未检出	未检出	未检出	20	—
二硝基苯	未检出	未检出	未检出	未检出	未检出	20	—
对硝基氯苯	未检出	未检出	未检出	未检出	未检出	5	—
2,4- 二硝基氯苯	未检出	未检出	未检出	未检出	未检出	5	—
五氯酚及五氯酚钠	未检出	未检出	未检出	未检出	未检出	50	—
苯酚	未检出	未检出	未检出	未检出	未检出	3	—
2,4- 二氯苯酚	未检出	未检出	未检出	未检出	未检出	6	—
2,4,6- 三氯苯酚	未检出	未检出	未检出	未检出	未检出	6	—
苯并（a）芘	未检出	未检出	未检出	未检出	未检出	0.000 3	—
邻苯二甲酸二丁酯	未检出	未检出	未检出	未检出	未检出	2	—

续表

检测项目	样品编号					标准限值	占标率/%
	1#	2#	3#	4#	5#		
邻苯二甲酸二辛酯	未检出	未检出	未检出	未检出	未检出	3	—
多氯联苯	未检出	未检出	未检出	未检出	未检出	0.002	—
苯	未检出	未检出	未检出	未检出	未检出	1	—
甲苯	未检出	未检出	未检出	未检出	未检出	1	—
乙苯	未检出	未检出	未检出	未检出	未检出	4	—
二甲苯	未检出	未检出	未检出	未检出	未检出	4	—
氯苯	未检出	未检出	未检出	未检出	未检出	2	—
1,4-二氯苯	未检出	未检出	未检出	未检出	未检出	4	—
1,2-二氯苯	未检出	未检出	未检出	未检出	未检出	4	—
丙烯腈	未检出	未检出	未检出	未检出	未检出	20	—
三氯甲烷	未检出	未检出	未检出	未检出	未检出	3	—
四氯化碳	未检出	未检出	未检出	未检出	未检出	0.3	—
三氯乙烯	未检出	未检出	未检出	未检出	未检出	3	—
四氯乙烯	未检出	未检出	未检出	未检出	未检出	1	—

6.3.5　毒性物质含量

根据企业提供的后评价报告等资料，结合《危险废物鉴别标准　毒性物质含量鉴别》（GB 5085.6—2007）所列危害成分项目表，本次毒性物质含量初筛主要进行有机污染物全扫检测和重金属含量检测。

根据样品有机污染物全扫检测结果，样品中未检出非挥发性有机物、挥发性有机物，不含有《危险废物鉴别标准　毒性物质含量鉴别》（GB 5085.6—2007）附录中的有机毒性物质指标。考虑飞灰中含有二噁英类物质，而等离子体装置工作温度约1 400℃，飞灰中的二噁英等有机物会受热分解，熔融后产生的玻璃体渣中二噁英类物质含量应较低。结合企业提供的玻璃体渣二噁英类含量检测报告，玻璃体渣中多氯二苯并对二噁英和多氯二苯并呋喃含量（4.0×10^{-4} μg TEQ/kg）远低于《危险废物鉴别标准 毒性物质含量鉴别》（GB 5085.6—2007）标准限值（15 μg TEQ/kg）要求，故本次不再考虑多氯二苯并对二噁英和多氯二苯并呋喃。综上分析，本次不再进行毒性物质含量中有机物质的检测。

样品重金属含量检测结果如表 6-3 所示。对照《危险废物鉴别标准 毒性物质含量鉴别》（GB 5085.6—2007）附录中的毒性物质指标，结合表 6-3 选取出含量值较高的铜、锌、镉、铅、铬、镍、砷、钴、锑、铝、锰、钒、钡共 13 种元素，通过《危险废物鉴别标准 毒性物质含量鉴别》（GB 5085.6—2007）附录中含上述元素的所有无机化合物来筛选可能存在的分子量最高的毒性物质，具体毒性物质筛查如表 6-4 所示，玻璃体渣中可能存在的毒性物质包括附录 B 中的毒性物质 1 种（一氧化铅）、附录 C 中的毒性物质 3 种（氧化镉、一氧化镍、铬酸铬）。根据《危险废物鉴别标准 毒性物质含量鉴别》（GB 5085.6—2007）计算出各个样品的毒性物质含量及累积毒性物质含量综合占比，折算结果如表 6-5 所示。

表 6-3 样品重金属含量检测结果　　　　　单位：mg/kg

检测项目	样品编号				
	1#	2#	3#	4#	5#
铜	390	289	626	766	921
锌	13 524	13 528	15 764	28 239	53 426
镉	24.6	16.6	79.2	23.8	72.0
铅	127	80.7	671	715	1032
铬	4 096	4 124	2 706	3 527	2 936
镍	222	192	103	180	170
汞	0.029	0.015	0.021	0.015	0.012
砷	63.4	80.6	105	96.3	128

检测项目	样品编号				
	1#	2#	3#	4#	5#
硒	0.16	0.18	0.53	0.52	0.38
铍	1.3	1.1	2.9	1.7	1.0
钴	65.4	57.1	60.2	79.4	126
钼	118	64.6	28.8	68.5	85.4
锑	862	994	524	896	1673
银	2.0	2.3	4.3	5.5	3.3
铝	48 370	45 881	64 747	52 924	44 289
锰	1 005	940	827	1 152	1 398
钒	42.6	40.7	52.9	51.5	44.7
钡	5 748	5 434	4 521	5 789	5 707
六价铬	12.2	13.4	2.6	2.3	22.2

表 6-4　毒性物质筛查

序号	毒性物质	判断依据
		附录 A
1	氰化钡	氰化物受热产生有毒氰化物，而等离子体装置工作温度约 1 400℃，从项目处理工艺及现状条件判断不具备存在条件，排除
2	氰化锌	
3	氰化亚铜	
4	氰化亚铜钠	
5	三碘化砷	橙红色鳞状或粉状结晶，沸点 424℃。等离子体装置工作温度约 1 400℃，从项目处理工艺及现状条件判断上述物质不具备存在条件，排除
6	三氯化砷	无色或淡黄色发烟油状液体，沸点 130℃。等离子体装置工作温度约 1 400℃，从项目处理工艺及现状条件判断上述物质不具备存在条件，排除

序号	毒性物质	判断依据
7	砷酸钠	白色或灰白色粉末，沸点 150℃。等离子体装置工作温度约 1 400℃，从项目处理工艺及现状条件判断上述物质不具备存在条件，排除
8	四乙基铅	略带水果香甜味的无色透明油状液体，常温下极易挥发，遇光可分解产生三乙基铅。从项目处理工艺及现状条件判断不具备存在条件，排除
9	羰基镍	无色液体，在空气中容易被氧化生成一氧化碳和盐。从项目处理工艺及现状条件判断不具备存在条件，排除
10	硒化镉	由金属镉与硒化氢共热可制得硒化镉。也可通过高温，使金属镉与硒直接化合而得。由项目处理工艺可知镉主要是以氧化态形式存在，排除
附录 B		
1	多硫化钡	可由硫化钡与硫黄化合成多硫化钡溶液，从项目处理工艺及现状条件判断不具备合成条件，排除
2	钒	等离子体装置工作温度约 1 400℃，结合 XRF 检测结果可知钒主要以氧化态形式存在，不含单质钒，排除
3	氟化铝	沸点 1 291℃。等离子体装置工作温度约 1 400℃，结合 XRF 检测结果可知铝主要以三氧化二铝形式存在，排除
4	氟化铅	沸点 1 293℃，受热产生有毒氟化物和含铅化物烟雾。等离子体装置工作温度约 1 400℃，从项目处理工艺及现状条件判断不具备存在条件，排除
5	氟化锌	受热产生有毒氟化物烟雾。等离子体装置工作温度约 1 400℃，从项目处理工艺及现状条件判断不具备存在条件，排除
6	氟硼酸锌	受热产生有毒氟化物和硼化物烟雾。等离子体装置工作温度约 1 400℃，从项目处理工艺及现状条件判断不具备存在条件，排除
7	锰	等离子体装置工作温度约 1 400℃，结合 XRF 检测结果可知锰主要以氧化态形式存在，不含单质锰，排除
8	氯化钡	等离子体装置工作温度约 1 400℃，结合 XRF 检测结果可知钡主要以氧化态形式存在，排除
9	碳酸钡	高温下分解为氧化钡。等离子体装置工作温度约 1 400℃，结合 XRF 检测结果可知钡主要以氧化态形式存在，排除

序号	毒性物质	判断依据
10	四氧化三铅	鲜橘红色粉末或块状固体，高温可分解为氧化铅，是一种强氧化剂。从项目处理工艺及现状条件判断不具备存在条件，排除
11	锑粉	等离子体装置工作温度约1 400℃，结合XRF检测结果可知锑主要以氧化态形式存在，不含单质锑，排除
12	五氧化二锑	白色或黄色粉末，930℃失去氧而生成三氧化二锑。等离子体装置工作温度约1 400℃，从项目处理工艺及现状条件判断不具备存在条件，排除
13	**一氧化铅**	无法直接排除
附录C		
1	次硫化镍	以镍和硫源（硫代乙酰胺、硫脲、硫代硫酸钠）利用水热法合成。从项目处理工艺及现状条件判断不具备合成条件，排除
2	二氯化钴	红色单斜晶系结晶，易潮解，沸点1 049℃。等离子体装置工作温度约1 400℃，从项目处理工艺及现状条件判断不具备存在条件，排除
3	二氧化镍	等离子体装置工作温度约1 400℃，结合XRF检测结果可知镍主要以氧化镍形式存在。从项目处理工艺及现状条件判断上述物质不具备存在条件，排除
4	硫化镍	可由硫酸镍与硫化氢反应制得。从项目处理工艺及现状条件判断不具备合成条件，排除
5	硫酸镉	热分解排出有毒硫氧化物，含镉烟雾。等离子体装置工作温度约1 400℃，结合XRF检测结果可知镉主要以氧化镉形式存在。从项目处理工艺及现状条件判断上述物质不具备存在条件，排除
6	硫酸钴	等离子体装置工作温度约1 400℃，结合XRF检测结果可知钴主要以氧化钴形式存在。从项目处理工艺及现状条件判断上述物质不具备存在条件，排除
7	氯化镉	沸点960℃。等离子体装置工作温度约1 400℃，结合XRF检测结果可知镉主要以氧化镉形式存在。从项目处理工艺及现状条件判断上述物质不具备存在条件，排除
8	三氧化二镍	高温下分解为氧化镍和氧气，而等离子体装置工作温度约1 400℃，从项目处理工艺及现状条件判断不具备存在条件，排除
9	三氧化二砷	白色霜状粉末，沸点465℃。等离子体装置工作温度约1 400℃，从项目处理工艺及现状条件判断上述物质不具备存在条件，排除

序号	毒性物质	判断依据
10	砷酸及其盐	等离子体装置工作温度约 1 400℃，从项目处理工艺及现状条件判断上述物质不具备存在条件，排除
11	五氧化二砷	强氧化剂，高温下失去氧变成三氧化二砷。等离子体装置工作温度约 1 400℃，从项目处理工艺及现状条件判断上述物质不具备存在条件，排除
12	**氧化镉**	无法直接排除
13	**一氧化镍**	无法直接排除
14	**铬酸铬**	
15	铬酸镉	同一种毒性成分在一种以上毒性物质中存在时，以分子量最高的
16	铬酸锶	物质进行计算和结果判断，本次选取铬酸铬进行计算
17	三氧化铬	
附录 D		
1	氟化镉	热分解排出有毒含镉、氟化物烟雾。等离子体装置工作温度约 1 400℃，结合 XRF 检测结果可知镉主要以氧化镉形式存在。从项目处理工艺及现状条件判断上述物质不具备存在条件，排除
2	铬酸钠	同一种毒性成分在一种以上毒性物质中存在时，以分子量最高的物质进行计算和结果判断，本次选取铬酸铬进行计算
附录 E		
1	醋酸铅	
2	叠氮化铅	
3	二醋酸铅	
4	甲基磺酸铅	等离子体装置工作温度约 1 400℃，结合 XRF 检测结果可知铅主要以氧化态形式存在。从项目处理工艺及现状条件判断上述物质不具备存在条件，排除
5	磷酸铅	
6	六氟硅酸铅	
7	收敛酸铅	
8	烷基铅	
9	铬酸铅	沸点 844℃，温度在熔点以上时分解并放出氧气。等离子体装置工作温度约 1 400℃，从项目处理工艺及现状条件判断上述物质不具备存在条件，排除

表 6-5　各重金属对应毒性物质含量折算结果

样品编号	折算的化合物含量 /%				累积毒性物质含量综合占比
	（附录 B）一氧化铅	（附录 C）氧化镉	（附录 C）一氧化镍	（附录 C）铬酸铬	
1#	0.013 7	0.002 8	0.028 3	0.003 5	0.42
2#	0.008 7	0.001 9	0.024 4	0.003 8	0.31
3#	0.072 3	0.009 0	0.013 1	0.000 8	0.25
4#	0.077 0	0.002 7	0.022 9	0.000 7	0.26
5#	0.111 2	0.008 2	0.021 6	0.006 4	0.31
限值	3.0	0.1	0.1	0.1	1.0

　　从表 6-5 可以看出，所有样品中的毒性物质含量及累积毒性物质含量综合占比均低于《危险废物鉴别标准　毒性物质含量鉴别》（GB 5085.6—2007）中的标准限值要求。从表 6-6 中可以看出，样品玻璃熔融片 XRF 检测结果中的毒性物质含量及累积毒性物质含量综合占比也低于《危险废物鉴别标准　毒性物质含量鉴别》（GB 5085.6—2007）中的标准限值要求。因此本次不再进行毒性物质含量中无机物质的检测。

　　综合上述分析，本次鉴别不再进行毒性物质含量检测分析。

表 6-6　玻璃熔融片 XRF 检测结果毒性物质含量汇总

样品编号	化合物含量 /%			累积毒性物质含量综合占比
	（附录 B）一氧化铅	（附录 C）氧化镉	（附录 C）一氧化镍	
1#	0.01	未检出	0.03	0.30
2#	0.04	未检出	0.03	0.31
3#	0.06	未检出	未检出	0.02
4#	0.06	未检出	0.02	0.22
5#	0.11	未检出	0.02	0.24
限值	3.0	0.1	0.1	1.0

　　注：表中"未检出"指含量＜0.01%。

6.3.6　急性毒性

本次鉴别的固体废物为玻璃体渣，主要的危险因子为重金属，不属于气态物质，主要考虑经口急性毒性。

参照《化学品分类、警示标签和警示性说明安全规范　急性毒性》（GB 20592—2006）、经济合作与发展组织（OECD）提出的《对混合物急性毒性的推断方法》和《化学品分类和标签规范　第 18 部分：急性毒性》（GB 30000.18—2013），对被鉴别物的急性毒性进行分析。以化学品的经口急性毒性划分五类危害，即按其经口 LD_{50} 值的大小进行危害性的基本分类（如表 6-7 所示）。

表 6-7　急性毒性危害类别及确定各类别的（近似）LD_{50} 值

接触途径	经口急性毒性 /（mg/kg）	接触途径	经口急性毒性 /（mg/kg）
类别 1	5	类别 4	2 000
类别 2	50	类别 5	5 000
类别 3	300		

如果混合物中浓度不小于 1% 的组分无任何对分类有用的信息，那么可推断该混合物没有确定的急性毒性估计值，在这种情况下，应该只根据已知组分对混合物进行分类。即将被鉴别的物质视为所检出毒性物质的混合物，根据下面的经口急性毒性计算公式，通过各组分急性毒性估算值（ATE_i）来确定混合物的急性毒性估算值（ATE_{mix}），计算公式如下：

$$\frac{100}{ATE_{mix}} = \sum_{i}^{n} \frac{C_i}{ATE_i}$$

式中：C_i——固体废物中所含的第 i 种毒性物质的百分含量；

　　　ATE_{mix}——固体废物的急性毒性估计值；

　　　ATE_i——第 i 种毒性物质的急性毒性数据。

本次被鉴别物质中浓度不小于 1% 的组分无任何对分类有用的信息，可推断被鉴别的物质没有确定的急性毒性估计值，因此本次危险废物鉴别工作将根据被鉴别物的毒性物质含量检测结果进行鉴别，被鉴别物视为所检出毒性物质的混合物，再根据所检出的毒性物质成分对被鉴别物质进行分类。根据经口急性毒性计算公式，在最不利原则条件下选取所检出的毒性物质的近似经口急性毒性危害类别所对应的经口 LD_{50} 值作为各组分急性毒性估算值（ATE_i），从而通过计算确定被鉴别物质的急性毒性估算值（ATE_{mix}），并根据被鉴别物质的急性毒性估算值（ATE_{mix}），对其急性毒性进行评估分析。

根据 6.3.5 节所选取的玻璃体渣中可能存在的毒性物质（一氧化铅、氧化镉、一氧化镍、铬酸铬），计算出的经口急性毒性估算值如表 6-8 所示。

表 6-8　经口急性毒性估算值

样品编号	估算值 /（mg/kg）	样品编号	估算值 /（mg/kg）
1#	15 398.83	4#	15 015.02
2#	18 402.65	5#	12 218.96
3#	17 047.39		

从表 6-8 中可以看出，所有样品中经口急性毒性估算值均远高于《危险废物鉴别标准　急性毒性初筛》（GB 5085.2—2007）中的标准限值要求。结合样品初筛经口急性毒性检测结果，可以判断本次鉴别的玻璃体渣不具有急性毒性危险特性。

6.3.7　危险特性鉴别检测因子

经综合分析固体废物产生过程的生产工艺、原辅材料、产生环节和主要危害成分，结合初筛样品检测结果，本次危险特性鉴别为浸出毒性鉴别，检测因子包括铜、铅、锌、镉、总铬、六价铬、砷、钡和无机氟化物。

6.4　案例分析

6.4.1　样品采集

本次鉴别样品采集方法主要根据《工业固体废物采样制样技术规范》（HJ/T 20—1998）、《危险废物鉴别技术规范》（HJ 298—2019）确定。

根据《危险废物鉴别技术规范》（HJ 298—2019），堆存状态的固体废物应以堆存的固体废物总量为依据进行样品采集，按照表 6-9 确定需要采集的最小份样数。

表 6-9　固体废物采集最小份样数

固体废物量（以 q 表示）/t	最小份样数 / 个	固体废物量（以 q 表示）/t	最小份样数 / 个
$q \leqslant 5$	5	$90 < q \leqslant 150$	32
$5 < q \leqslant 25$	8	$150 < q \leqslant 500$	50
$25 < q \leqslant 50$	13	$500 < q \leqslant 1\,000$	80
$50 < q \leqslant 90$	20	$q > 1\,000$	100

根据企业提供的资料，目前玻璃体渣的堆存量约 4 900 t。结合上述规范要求，同时考虑到样品的代表性，本次拟采集的份样数为 100 个，满足《危险废物鉴别技术规范》（HJ 298—2019）的要求。

根据《危险废物鉴别技术规范》（HJ 298—2019），对于堆积高度大于 0.5 m 的散状固态废物，应采取分层取样方式；采样层数应不小于 2 层，按照固态废物堆积高度等间隔布置采样点；每层采取的份样数应相等。

采样前，将堆存的玻璃体渣划分为 101 个面积相等的网格（如图 6-1 所示）。采样时，随机抽取 50 个网格作为采样单元，在网格中心位置使用采样钻采集样品。根据堆存固体废物高度，每个网格按 0~0.9 m、0.9~1.8 m 分表层、底层取样方式进行采集，各采集 50 个样品，共计

100 个份样。采样时随机采集 10% 平行样。

根据《危险废物鉴别技术规范》（HJ 298—2019），固态废物样品采集的份样量应同时满足下列要求：①满足分析操作的需要；②依据不同固态废物的原始颗粒最大粒径，采集份样量应不小于表 6-10 中规定的最小份样量。

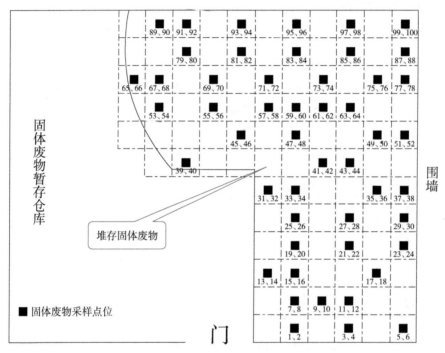

图 6-1　采样布点图

表 6-10　不同颗粒直径的固态废物的一个份样所需采集的最小份样量

原始颗粒最大粒径（以 d 表示）/cm	最小份样量 /g
$d \leqslant 0.50$	500
$0.50 < d \leqslant 1.0$	1 000
$d > 1.0$	2 000

本次鉴别的固体废物为玻璃体渣，原始颗粒最大粒径大于 1 cm，故本次样品需采集的份样量为 2 000 g，满足分析操作的需要。

6.4.2　质量控制

6.4.2.1　采样质量控制

①采样前，制订详细的采样计划，采样人员熟知并规范操作。

②采样人员持证上岗，掌握采样技术、懂得安全操作知识和处理方法。

③有效防止采样过程中的交叉污染。

④取样前，对取样设备进行清洁后再使用。

⑤建立采样组自检制度，明确职责和分工。每日采样结束后进行自检，检查内容包括每天采集样品个数、样品重量、样品标签、记录完整性和准确性等。

⑥样品采集后，置于样品箱内保存。为防止其受外界污染，采集的样品当天送回实验室检测。

⑦对样品采样过程进行拍照。

6.4.2.2　样品流转

①样品流转前，逐件仔细检查样品标识，核对采样记录与实际转运样品数量，核对无误后，将样品有序存入样品箱。

②样品交接时，由专人将样品送到实验室，送样者和接样者双方同时清点核查样品。

6.4.2.3　实验室质量控制

实验室按委托要求进行项目检测的同时，还需采用以下方式来保证检测数据的可靠性。

①检测分析人员持证上岗，检测过程中使用的仪器设备经计量检定合格并在有效期内。

②每次仪器设备开机测试时，进行标准溶液测定，建立校准曲线，重金属校准曲线的相关系数≥0.995。

③每批次样品至少做1个实验室空白样，空白值应低于方法测定下限。

④重金属每分析 50 个样品，应检测 1 次校准曲线中间浓度点，测定结果与实际浓度值相对偏差≤10%。

⑤重金属每 10 个样品做 1 个基体加标，其中砷的回收率在 70%～130%，其他重金属回收率在 70%～120%。

⑥重金属每 10 个样品分析 1 个平行样，砷的相对偏差＜20%，六价铬的相对偏差＜10%，其他重金属相对偏差＜35%。

⑦无机氟化物：每批次至少分析 1 个实验室空白样，空白值低于方法检出限；每 10 个样品测定 1 个平行样，相对偏差不超过 10%；每批次测定 1 个有证标准物质，检测结果在标准值范围内。

6.4.3　检测结果

浸出毒性检测结果如表 6-11 所示。检测结果显示，铜浸出浓度最大值为 0.02 mg/L，铅浸出浓度最大值为 0.03 mg/L，锌浸出浓度最大值为 0.11 mg/L，镉未检出，总铬浸出浓度最大值为 0.86 mg/L，六价铬浸出浓度最大值为 0.831 mg/L，钡浸出浓度最大值为 0.54 mg/L，砷浸出浓度最大值为 0.022 4 mg/L，无机氟化物浸出浓度最大值为 3.65 mg/L，本次采集的 100 个样品的浸出毒性检测结果均未超出《危险废物鉴别标准　浸出毒性鉴别》（GB 5085.3—2007）的相应标准限值。

表 6-11　浸出毒性检测结果　　　　　　单位：mg/L

序号	样品编号	检测项目								
		铜	铅	锌	镉	总铬	六价铬	钡	砷	无机氟化物
1	WS1#	未检出	未检出	0.01	未检出	未检出	0.004	0.12	0.012 0	0.915
2	WS2#	0.01	未检出	0.04	未检出	0.12	0.107	0.15	0.010 4	0.721
3	WS3#	未检出	未检出	0.01	未检出	0.03	0.028	0.11	0.011 7	0.705
4	WS4#	未检出	未检出	0.01	未检出	0.35	0.343	0.22	0.004 2	0.726
5	WS5#	0.01	未检出	0.01	未检出	0.02	0.018	0.14	0.010 1	1.00
6	WS5# 平行	0.01	未检出	未检出	未检出	0.02	0.018	0.11	0.010 8	1.09

序号	样品编号	检测项目								
		铜	铅	锌	镉	总铬	六价铬	钡	砷	无机氟化物
7	WS6#	未检出	未检出	0.01	未检出	0.04	0.037	0.21	0.015 1	0.833
8	WS6# 平行	未检出	未检出	0.01	未检出	0.03	0.028	0.16	0.012 3	0.926
9	WS7#	未检出	未检出	0.01	未检出	0.03	0.028	0.19	0.015 9	0.570
10	WS8#	未检出	未检出	未检出	未检出	0.41	0.405	0.34	0.003 6	1.71
11	WS9#	0.02	未检出	0.04	未检出	0.08	0.078	0.35	0.018 1	2.17
12	WS10#	0.01	未检出	0.11	未检出	0.12	0.112	0.51	0.021 9	2.00
13	WS11#	未检出	未检出	0.02	未检出	0.14	0.136	0.28	0.017 2	2.09
14	WS12#	未检出	未检出	未检出	未检出	0.06	0.057	0.42	0.015 0	1.61
15	WS13#	未检出	未检出	0.01	未检出	0.07	0.067	0.21	0.014 8	0.653
16	WS14#	未检出	未检出	0.04	未检出	0.35	0.343	0.54	0.022 4	2.47
17	WS15#	未检出	未检出	未检出	未检出	未检出	0.009	0.13	0.013 5	0.767
18	WS16#	未检出	未检出	0.01	未检出	0.04	0.038	0.20	0.016 1	0.835
19	WS17#	0.01	未检出	未检出	未检出	未检出	0.010	0.12	0.011 1	0.741
20	WS17# 平行	未检出	未检出	0.01	未检出	未检出	0.007	0.11	0.010 7	0.806
21	WS18#	未检出	未检出	未检出	未检出	0.03	0.027	0.14	0.011 5	1.18
22	WS18# 平行	未检出	未检出	0.01	未检出	0.04	0.039	0.14	0.008 6	1.23
23	WS19#	未检出	未检出	未检出	未检出	0.03	0.024	0.10	0.010 6	0.678
24	WS20#	未检出	未检出	未检出	未检出	0.24	0.232	0.20	0.003 1	0.662
25	WS21#	未检出	未检出	未检出	未检出	未检出	0.005	0.12	0.010 9	0.779
26	WS22#	未检出	未检出	未检出	未检出	0.07	0.068	0.14	0.010 7	0.587
27	WS23#	未检出	未检出	未检出	未检出	0.03	0.028	0.11	0.011 0	0.413
28	WS24#	未检出	未检出	未检出	未检出	0.31	0.306	0.17	0.005 5	0.771
29	WS25#	未检出	未检出	未检出	未检出	未检出	0.014	0.13	0.013 6	0.727
30	WS26#	未检出	未检出	未检出	未检出	未检出	0.018	0.13	0.014 4	0.909

序号	样品编号	检测项目								
		铜	铅	锌	镉	总铬	六价铬	钡	砷	无机氟化物
31	WS27#	未检出	未检出	未检出	未检出	0.08	0.075	0.24	0.016 0	1.57
32	WS28#	未检出	未检出	未检出	未检出	0.27	0.268	0.29	0.021 2	3.65
33	WS29#	未检出	未检出	未检出	未检出	0.05	0.047	0.24	0.011 9	1.26
34	WS30#	未检出	未检出	未检出	未检出	0.08	0.078	0.18	0.007 8	1.59
35	WS31#	未检出	未检出	未检出	未检出	未检出	未检出	0.08	0.004 7	0.570
36	WS32#	未检出	未检出	未检出	未检出	未检出	未检出	0.10	0.005 4	0.436
37	WS33#	未检出	未检出	未检出	未检出	0.02	0.019	0.13	0.010 0	0.807
38	WS34#	未检出	未检出	未检出	未检出	0.02	0.020	0.12	0.006 2	0.793
39	WS35#	未检出	未检出	未检出	未检出	未检出	0.012	0.11	0.013 0	0.658
40	WS35# 平行	0.01	未检出	未检出	未检出	未检出	0.014	0.12	0.012 1	0.737
41	WS36#	未检出	未检出	未检出	未检出	未检出	0.006	0.11	0.010 7	0.976
42	WS36# 平行	0.01	未检出	未检出	未检出	未检出	0.007	0.10	0.008 5	1.04
43	WS37#	未检出	未检出	未检出	未检出	未检出	0.007	0.10	0.011 7	0.624
44	WS38#	0.01	未检出	未检出	未检出	未检出	0.004	0.10	0.008 2	0.658
45	WS39#	未检出	未检出	未检出	未检出	未检出	0.007	0.11	0.011 7	0.921
46	WS40#	0.01	未检出	0.01	未检出	未检出	0.006	0.12	0.012 3	0.628
47	WS41#	未检出	未检出	0.01	未检出	未检出	0.004	0.13	0.013 9	0.833
48	WS42#	未检出	未检出	未检出	未检出	未检出	0.006	0.14	0.013 1	0.726
49	WS43#	未检出	未检出	未检出	未检出	未检出	0.008	0.13	0.013 6	0.685
50	WS44#	未检出	未检出	0.01	未检出	未检出	0.012	0.13	0.014 0	0.563
51	WS45#	未检出	未检出	0.01	未检出	未检出	0.011	0.11	0.013 2	0.561
52	WS46#	未检出	未检出	未检出	未检出	未检出	0.009	0.12	0.011 5	0.524
53	WS47#	未检出	未检出	0.01	未检出	未检出	0.012	0.12	0.013 4	0.901
54	WS48#	未检出	未检出	0.01	未检出	未检出	0.012	0.11	0.012 6	0.601
55	WS49#	0.01	未检出	0.01	未检出	未检出	0.008	0.12	0.010 2	0.947

序号	样品编号	检测项目								
		铜	铅	锌	镉	总铬	六价铬	钡	砷	无机氟化物
56	WS50#	未检出	未检出	0.01	未检出	未检出	0.004	0.14	0.013 0	0.571
57	WS51#	未检出	未检出	0.01	未检出	未检出	未检出	0.11	0.012 1	0.382
58	WS52#	未检出	未检出	0.01	未检出	未检出	未检出	0.11	0.011 8	0.475
59	WS53#	未检出	未检出	0.01	未检出	0.02	0.018	0.13	0.014 4	0.606
60	WS54#	未检出	未检出	0.01	未检出	未检出	0.014	0.15	0.017 0	0.686
61	WS55#	未检出	未检出	0.02	未检出	0.03	0.028	0.13	0.021 5	1.01
62	WS56#	未检出	未检出	0.02	未检出	未检出	0.008	0.14	0.017 4	0.530
63	WS57#	0.01	未检出	0.01	未检出	未检出	0.007	0.12	0.011 0	0.686
64	WS58#	未检出	未检出	0.02	未检出	未检出	0.005	0.10	0.012 8	0.546
65	WS59#	未检出	未检出	0.02	未检出	未检出	未检出	0.09	0.010 7	0.691
66	WS60#	未检出	未检出	0.01	未检出	未检出	未检出	0.08	0.009 0	0.533
67	WS61#	未检出	未检出	0.02	未检出	0.08	0.078	0.16	0.014 8	0.940
68	WS62#	未检出	未检出	0.01	未检出	未检出	0.009	0.11	0.013 6	0.577
69	WS63#	0.01	未检出	0.01	未检出	0.02	0.018	0.11	0.014 5	0.746
70	WS64#	未检出	未检出	0.01	未检出	未检出	0.008	0.12	0.016 1	0.519
71	WS65#	0.01	未检出	0.01	未检出	未检出	0.005	0.10	0.010 4	0.606
72	WS65#平行	0.01	未检出	未检出	未检出	未检出	0.006	0.12	0.008 7	0.664
73	WS66#	未检出	未检出	0.01	未检出	未检出	0.004	0.1	0.008 1	0.529
74	WS66#平行	未检出	未检出	0.01	未检出	未检出	0.007	0.13	0.008 3	0.567
75	WS67#	0.01	未检出	0.01	未检出	未检出	0.011	0.13	0.011 6	0.648
76	WS68#	未检出	未检出	0.01	未检出	0.02	0.019	0.15	0.011 7	1.13
77	WS69#	未检出	未检出	未检出	未检出	未检出	0.007	0.14	0.011 8	0.728
78	WS70#	未检出	未检出	0.01	未检出	未检出	0.008	0.14	0.011 9	0.773
79	WS71#	0.01	未检出	0.04	未检出	未检出	未检出	0.06	0.003 7	0.780
80	WS72#	0.01	未检出	0.02	未检出	未检出	未检出	0.07	0.005 0	0.970

序号	样品编号	检测项目								
		铜	铅	锌	镉	总铬	六价铬	钡	砷	无机氟化物
81	WS73#	未检出	未检出	0.05	未检出	未检出	未检出	0.07	0.003 5	0.956
82	WS74#	未检出	未检出	未检出	未检出	未检出	0.011	0.17	0.015 0	0.547
83	WS75#	未检出	未检出	0.01	未检出	未检出	未检出	0.09	0.007 8	1.30
84	WS76#	0.01	未检出	0.01	未检出	未检出	未检出	0.09	0.007 8	1.36
85	WS77#	0.01	未检出	0.01	未检出	未检出	0.019	0.12	0.018 1	0.880
86	WS78#	未检出	未检出	0.01	未检出	0.02	0.019	0.12	0.018 5	0.957
87	WS79#	未检出	未检出	未检出	未检出	未检出	0.009	0.12	0.011 5	0.875
88	WS80#	未检出	未检出	0.01	未检出	未检出	未检出	0.11	0.016 4	0.847
89	WS81#	未检出	未检出	0.01	未检出	未检出	0.011	0.14	0.007 8	1.14
90	WS82#	未检出	未检出	0.01	未检出	未检出	0.013	0.14	0.009 2	0.731
91	WS83#	未检出	未检出	0.01	未检出	未检出	0.016	0.17	0.010 7	0.806
92	WS84#	未检出	未检出	0.01	未检出	0.02	0.018	0.12	0.009 2	0.441
93	WS85#	未检出	未检出	0.01	未检出	未检出	0.010	0.14	0.009 5	0.732
94	WS86#	未检出	未检出	未检出	未检出	未检出	0.005	0.16	0.010 4	0.595
95	WS87#	未检出	未检出	未检出	未检出	0.49	0.482	0.23	0.007 3	0.505
96	WS88#	未检出	未检出	未检出	未检出	0.61	0.604	0.19	0.008 8	0.597
97	WS89#	未检出	未检出	未检出	未检出	0.73	0.691	0.22	0.001 8	0.916
98	WS90#	未检出	未检出	0.01	未检出	0.86	0.831	0.14	0.004 2	0.794
99	WS91#	未检出	未检出	0.01	未检出	0.28	0.268	0.18	0.019 4	0.403
100	WS92#	未检出	未检出	未检出	未检出	0.63	0.622	0.29	0.011 4	0.665
101	WS93#	未检出	未检出	未检出	未检出	0.06	0.055	0.17	0.011 5	0.860
102	WS93#平行	未检出	未检出	0.01	未检出	0.07	0.067	0.17	0.012 6	0.870
103	WS94#	未检出	未检出	未检出	未检出	未检出	未检出	0.14	0.017 2	1.13
104	WS94#平行	未检出	未检出	未检出	未检出	未检出	0.004	0.15	0.014 6	1.07

续表

序号	样品编号	检测项目								
		铜	铅	锌	镉	总铬	六价铬	钡	砷	无机氟化物
105	WS95#	未检出	未检出	0.01	未检出	0.36	0.356	0.20	0.001 8	0.706
106	WS96#	未检出	0.03	0.01	未检出	0.63	0.587	0.19	0.004 1	0.682
107	WS97#	未检出	未检出	0.01	未检出	0.42	0.411	0.19	0.009 9	0.76
108	WS98#	未检出	未检出	0.02	未检出	0.30	0.295	0.19	0.008 7	0.788
109	WS99#	未检出	未检出	未检出	未检出	0.02	0.018	0.14	0.009 3	0.520
110	WS100#	未检出	未检出	未检出	未检出	未检出	未检出	0.11	0.006 1	0.651
标准限值		100	5	100	1	15	5	100	5	100
超标份样数下限 / 个		22	22	22	22	22	22	22	22	22
超标份样数 / 个		0	0	0	0	0	0	0	0	0

6.4.4　结论

本次等离子熔融玻璃体渣危险特性鉴别工作严格依据《危险废物鉴别技术规范》（HJ 298—2019）、《危险废物鉴别标准　腐蚀性鉴别》（GB 5085.1—2007）、《危险废物鉴别标准　急性毒性初筛》（GB 5085.2—2007）、《危险废物鉴别标准　浸出毒性鉴别》（GB 5085.3—2007）、《危险废物鉴别标准　易燃性鉴别》（GB 5085.4—2007）、《危险废物鉴别标准　反应性鉴别》（GB 5085.5—2007）、《危险废物鉴别标准　毒性物质含量鉴别》（GB 5085.6—2007）和《危险废物鉴别标准　通则》（GB 5085.7—2019）等技术规范和标准进行，分别从腐蚀性、急性毒性、浸出毒性、易燃性、反应性、毒性物质含量 6 个方面进行分析论证，并进行相应的采样和检测分析。结合现场勘查、资料分析及检测结果进行综合判定，本次所鉴别的某发电厂等离子熔融玻璃体渣不具有腐蚀性、急性毒性、浸出毒性、易燃性、反应性及毒性物质含量危险特性，不属于危险废物。

6.5　小结

　　本次鉴别的物质为等离子体焚烧飞灰处理装置产生的玻璃体渣，属于《固体废物鉴别标准　通则》（GB 34330—2017）中"4.3 环境治理和污染控制过程中产生的物质""n）在其他环境治理和污染修复过程中产生的各类物质"，故本次鉴别的物质属于固体废物。经查阅相关资料，本次鉴别的玻璃体渣未纳入《国家危险废物名录（2021 年版）》。

　　为确定本次固体废物危险特性鉴别的检测项目，在玻璃体渣堆存仓库内随机采集了 5 个有代表性样品进行危险特性初筛检测，包括腐蚀性、浸出毒性、有机污染物全扫、毒性物质含量、急性毒性、XRD 及玻璃熔融片 XRF 检测。经综合分析本次鉴别的固体废物产生过程生产工艺、原辅材料、产生环节和主要危害成分，结合初筛样品检测结果，可以判断本次鉴别的玻璃体渣不具有反应性、易燃性、腐蚀性、毒性物质含量和急性毒性危险特性。本次危险特性鉴别检测主要考虑浸出毒性。危险废物等离子体、高温熔融等处置过程产生的玻璃态固体废物鉴别时需重点关注其原料来源，本次鉴别的玻璃体渣为生活垃圾飞灰经等离子体焚烧飞灰处理装置熔融后产生，飞灰中镍、铅、镉等重金属含量相对较低，若原料为含重金属类废物，则需着重分析固体废物危险特性的毒性物质含量和浸出毒性。

　　本次鉴别工作开展期间（2021 年 6—8 月），《固体废物玻璃化处理产物技术要求》（GB/T 41015—2021）暂未发布并施行（2021 年 12 月 31 日发布，2022 年 7 月 1 日实施），故本次只开展了玻璃体渣的玻璃化程度检测，未开展《固体废物玻璃化处理产物技术要求》（GB/T 41015—2021）中的酸溶失率检测，后续此类固体废物鉴别均需根据《固体废物玻璃化处理产物技术要求》（GB/T 41015—2021）开展玻璃体含量和酸溶失率检测，以此判断其是否满足玻璃态物质的判定要求。

第7章

污染地块土壤危险特性鉴别

7.1　地块概况

地块内原公司是一家私营企业，建于 2001 年 6 月，主要产品为氯化钴，副产品为电积铜等，厂址位于某化工厂内，租用该化工厂部分厂房。该化工厂于 1958 年建厂，主要产品为电石、乙炔炭黑、双氰胺、石灰氮、氧气、氮气、色素炭黑、铝箔纸、固色剂等。由于国家产业政策及市场形势变化，该化工厂于 2007 年停产，2009 年破产。

该公司的场地调查与污染评估工作分为一期、二期开展。其中，一期地块占地面积 47.8 亩（1 亩 =1/15 hm²），约 31 866.83 m²，一期地块东西方向由道路隔开，场地不平整，东面、西面场地各存在 2～3 m 深的基坑，基坑周围设有围挡，基坑内已开挖的土壤堆存在场地内及场地旁。场地内原化工厂建筑物已拆除，目前仅存在一座办公楼，该办公楼为二期修复治理项目部。地块北侧 100 m 为主干道路；南侧为二期修复治理项目所在地；该项目于 2018 年 6 月进行了场地调查与风险评估工作，2019 年 6 月开始修复施工，目前处于竣工验收阶段；东侧为山坡林地；西侧为已建安置房，场地现状照片如图 7-1 所示。从现场已开挖堆存点可以看到待鉴别物质主要是被污染的土壤，未闻到明显酸碱味及有机化学品味道。场地地表部分裸露、散布着各种草本植物及矮灌木。本次鉴别的污染土壤即为一期地块内土壤。

一期地块一   一期地块二

图 7-1   场地现状照片

7.2 要点、难点及解决方法

根据修复治理项目土壤污染状况的初步调查报告中对该地块土壤污染情况进行的调查结果，该地块内潜在污染物主要为无机污染物和有机污染物。为快速筛查检测指标，本次选取该项目调查报告中污染物含量检测结果的最大值，采用《固体废物 浸出毒性浸出方法 硫酸硝酸法》（HJ/T 299—2007）7.3.4 条中的"液固比为 10∶1（L/kg）"比例，从最保守角度考虑，假设污染物浸提率为 100%（即土壤中的污染物全部被浸提出来，进入到浸提液中），折算出土壤浸出液中最大的重金属浓度（即土壤浸出毒性最大值），再通过占标率来考虑相关检测指标。

7.3 危险特性识别

根据《危险废物鉴别技术规范》（HJ 298—2019）规定，经综合分析本次鉴别的固体废物产生过程生产工艺、原辅材料、产生环节和主要危害成分，确定不存在的危险特性，不进行检测。固体废物危险特性鉴别使用相关危险废物鉴别标准规定的相应方法和标准限值。在无法确认固体废物是否存在上述标准规定的危险特性或毒性物质时，一般需对以下内容进行鉴别、检测：

①反应性、易燃性、腐蚀性检测；

②浸出毒性中无机物质项目的检测；

③浸出毒性中有机物质项目的检测；

④毒性物质含量鉴别项目中无机物质项目的检测；

⑤毒性物质含量鉴别项目中有机物质项目的检测；

⑥急性毒性鉴别项目的检测。

7.3.1　反应性

根据《危险废物鉴别标准　反应性鉴别》（GB 5085.5—2007）的规定，符合"①具有爆炸性质；②与水或酸接触产生易燃气体或有毒气体；③废弃氧化剂或有机过氧化物"其中一个条件的固体废物具有反应性危险特性。

根据企业生产工艺和原辅料特性，再结合该污染场地治理修复项目土壤污染状况的初步调查报告，该场地企业在生产过程中未使用易燃易爆原辅料及强氧化剂等，本次拟鉴别土壤本身是以砂石等无机物为主的较为稳定的体系。选取少量土壤样品，分别采用酸液和水直接进行反应测试，未发生化学反应，该场地不具备反应性危险特性的筛选条件。故可以判断本次鉴别的固体废物不具有反应性危险特性。

7.3.2　易燃性

根据《危险废物鉴别标准　易燃性鉴别》（GB 5085.4—2007）的规定，"在标准温度和压力（25℃，101.3 kPa）下因摩擦或自发性燃烧而起火，经点燃后能剧烈而持续地燃烧并产生危害的固态废物"具有易燃性危险特性。

根据企业生产工艺和原辅料特性，结合该污染场地治理修复项目土壤污染状况的初步调查报告，企业在生产过程中未使用易燃易爆原辅料及强氧化剂等，本次拟鉴别土壤本身是以砂石等无机物为主的较为稳定的体系，不具备易燃性危险特性的筛选条件。故可以判断本次鉴别的固体废物不具有易燃性危险特性。

7.3.3 腐蚀性

根据《危险废物鉴别标准 腐蚀性鉴别》（GB 5085.1—2007）的规定，符合"按照 GB/T 15555.12—1995 的规定制备的浸出液，pH≥12.5，或者 pH≤2.0"条件的固体废物，属于危险废物。

根据修复治理项目土壤污染状况的初步调查报告，采集的 93 个土壤样品 pH 在 3.66～12.70，部分样品的 pH 超过《危险废物鉴别标准 腐蚀性鉴别》（GB 5085.1—2007）中 pH≥12.5 的标准限值，故本次需对该场地土壤进行腐蚀性检测。

7.3.4 浸出毒性

综合考虑该场地原企业的原辅料使用情况，以及相关工作人员在现场勘查时未闻到有机农药味道，可初步排除《危险废物鉴别标准 浸出毒性鉴别》（GB 5085.3—2007）中的有机农药指标。根据修复治理项目土壤污染状况的初步调查报告中对该地块土壤污染情况进行的调查结果，潜在的无机污染物为铜、镍、铅、镉、砷、汞、钴等 7 种，有机污染物为甲苯、乙苯、二甲苯、萘、苯并（a）蒽、䓛、苯并（b）荧蒽、苯并（k）荧蒽、苯并（a）芘、茚并（1,2,3-cd）芘和二苯并（a,h）蒽等 11 种，因此该场地土壤可能的浸出毒性检测指标主要源于上述无机物质和有机物质。本方案选取调查报告中污染物含量检测结果的最大值，采用《固体废物 浸出毒性浸出方法 硫酸硝酸法》（HJ/T 299—2007）7.3.4 条中的"液固比为 10∶1（L/kg）"比例，从最保守角度考虑，假设污染物浸提率为 100%（即土壤中的污染物全部被浸提出来，进入到浸提液中），折算出土壤浸出液中最大的重金属浓度（即土壤浸出毒性最大值）。土壤浸出毒性最大值折算结果如表 7-1 所示。

表 7-1　土壤浸出毒性最大值折算结果

污染物		含量最大值 /（mg/kg）	折算浸出毒性最大值（10：1）/（mg/L）	浸出毒性标准限值 /（mg/L）
无机物质	铜	398.000	39.800	100
	镍	86.000	8.600	5
	铅	164.000	16.400	5
	镉	4.470	0.447	1
	砷	56.200	5.620	5
	汞	0.960	0.096	0.1
	钴	560.000	56.000	—
有机物质	甲苯	0.075	0.007	1
	乙苯	0.149	0.015	4
	二甲苯	0.041	0.004	4
	萘	0.780	0.078	—
	苯并（a）蒽	3.600	0.360	—
	䓛	6.100	0.610	—
	苯并（b）荧蒽	6.000	0.600	—
	苯并（k）荧蒽	1.800	0.180	—
	苯并（a）芘	3.200	0.320	0.000 3
	茚并（1,2,3-cd）芘	2.700	0.270	—
	二苯并（a,h）蒽	0.820	0.082	—

　　由表 7-1 可知，按照含量最大值折算的浸出毒性最大值中，镍、铅、砷和苯并（a）芘存在超过《危险废物鉴别标准　浸出毒性鉴别》（GB 5085.3—2007）中相应标准限值的风险，汞浸出毒性最大值接近标准限值。

　　根据修复治理项目土壤污染状况的详查调查报告，初查阶段抽取的 10 个样品的六价铬、铜、镍、铅、镉、砷、汞浸出毒性均低于《危险废物鉴别标准　浸出毒性鉴别》（GB 5085.3—2007）中相应标准限值，详查阶段所有土壤样品浸出毒性均未超标。结合《危险废物鉴别标准　浸出毒性鉴别》（GB 5085.3—2007）中所列鉴别因子及表 7-1 中的折算结果，同时考虑到原料中氧化钴铜矿石成分，本项目浸出毒性无机物质检测项目选取镍、铅、总银、汞和砷，半挥发性有机物检测项目选取苯并（a）芘。

7.3.5 毒性物质含量

该公司主要产品为氯化钴，副产品为电积铜等。根据该修复治理项目土壤污染状况的初步调查报告，污染场地内土壤超标污染物以无机指标为主，有机污染物指标含量轻微。根据《危险废物鉴别技术规范》（HJ 298—2019），进行毒性物质含量危险特性判断，当同一种毒性成分在一种以上毒性物质中存在时，以分子量最高的物质进行计算和结果判断。对照《危险废物鉴别标准　毒性物质含量鉴别》（GB 5085.6—2007）附录中的毒性物质指标，根据修复治理项目土壤污染状况的初步调查报告中铜、镍、铅、镉、砷、汞、钴等 7 种元素含量的调查结果，选取铜、镍、铅、砷、钴 5 种元素，按照《危险废物鉴别标准　毒性物质含量鉴别》（GB 5085.6—2007）附录推荐方法折算为附录中可能存在的最大分子量的毒性物质，具体毒性物质筛查如表 7-2 所示。本场地中可能存在的毒性物质包括附录 C 中的毒性物质 2 种（五氧化二砷、二氯化钴）。折算后的毒性物质含量以及占标率如表 7-3 所示。

表 7-2　毒性物质筛查

序号	毒性物质	判断依据
附录 A		
1	氰化亚铜钠	企业生产原辅料中不含氰化物，排除
2	氰化亚铜	
3	三碘化砷	在光照和潮湿环境下易分解、不稳定，排除
4	三氯化砷	无色或淡黄色油状发烟液体，排除
5	砷酸钠	从项目生产工艺及现状条件判断不具备合成条件，排除
6	亚砷酸钠	
7	四乙基铅	无色透明油状液体，常温下极易挥发，排除

序号	毒性物质	判断依据
8	羰基镍	无色液体，排除
附录 B		
1	氟化铅	原辅料中不含氟化物，排除
2	四氧化三铅	强氧化剂，从项目生产工艺及现状条件判断不具备合成条件，排除
3	一氧化铅	从项目生产工艺及现状条件判断不具备合成条件，排除
附录 C		
1	次硫化镍	从项目生产工艺及现状条件判断不具备合成条件，排除
2	二氯化钴	原企业产品为氯化钴，无法排除
3	二氧化镍	强氧化剂，从项目生产工艺及现状条件判断不具备合成条件，排除
4	硫化镍	从项目生产工艺及现状条件判断不具备合成条件，排除
5	硫酸钴	从项目生产工艺及现状条件判断不具备合成条件，排除
6	三氧化二镍	从项目生产工艺及现状条件判断不具备合成条件，排除
7	三氧化二砷	根据 HJ 298—2019，同一种毒性成分在一种以上毒性物质中存在时，以分子量最高的物质进行计算，故选择五氧化二砷为毒性物质含量指标，通过含量最大值折算
8	五氧化二砷	需通过含量最大值折算
9	砷酸及其盐	从项目生产工艺及现状条件判断不具备合成条件，排除
10	氧化镍	从项目生产工艺及现状条件判断不具备合成条件，排除
附录 E		
1	醋酸铅	从项目生产工艺及现状条件判断不具备合成条件，排除
2	叠氮化铅	
3	二醋酸铅	
4	铬酸铅	
5	甲基磺酸铅	
6	磷酸铅	
7	六氟硅酸铅	
8	收敛酸铅	
9	烷基铅	

表 7-3　毒性物质含量折算结果

元素	含量最大值 / (mg/kg)	相对原子量	选取的毒性物质	毒性物质相对分子质量	折算的毒性物质含量 / %	毒性物质标准限值 /%	占标率 / %
砷	56.20	74.92	（附录 C）五氧化二砷	229.84	0.008 6	0.1	8.6
钴	560.00	58.93	（附录 C）二氯化钴	129.84	0.123	0.1	123

综合表 7-2、表 7-3 分析，本次毒性物质含量检测指标选取二氯化钴。

7.3.6　急性毒性

依据《危险废物鉴别标准　急性毒性初筛》（ GB 5085.2—2007 ），当某种化合物的经口摄取 $LD_{50} \leqslant 200$ mg/kg 或经皮肤吸收 $LD_{50} \leqslant 1\ 000$ mg/kg 时，可认定该种物质具有急性毒性危险特性。本次拟鉴别的固体废物为受污染土壤，现场未闻到明显酸碱味及有机化学品味道，该场地企业在生产过程中未使用剧毒及具有急性毒性的化学物质，场地地表部分裸露、散布各种草本植物及矮灌木，可判断其未涉及毒性较强的化学物质。结合企业生产工艺资料、原辅料等资料，可以判断本次鉴别的固体废物不具有急性毒性危险特性。

7.3.7　危险特性鉴别检测因子

经现场勘查和资料分析，结合初筛样品检测结果，本次危险特性鉴别检测因子主要包括：

①腐蚀性鉴别：pH。

②浸出毒性鉴别：镍、铅、总银、汞、砷、苯并（ a ）芘。

③毒性物质含量鉴别：二氯化钴。

7.4　案例分析

7.4.1　样品采集

根据《危险废物鉴别技术规范》（HJ 298—2019）相关规定，堆存状态的固体废物应以堆存的固体废物总量为依据，确定需要采集的最小份样数，固体废物采样最小份样数如表 7-4 所示。根据《危险废物鉴别技术规范》（HJ 298—2019）"4.2.4 以下情形固体废物的危险特性鉴别可以不根据固体废物的产生量确定采样份样数"，其中包括"水体环境、污染地块治理与修复过程产生的，需要按照固体废物进行处理处置的水体沉积物及污染土壤等环境介质，以及突发环境事件及其处理过程中产生的固体废物，如鉴别过程已经根据污染特征进行分类，可适当减少采样份样数，每类固体废物的采样份样数不少于 5 个"。再根据修复治理项目土壤污染状况初步调查报告，结合规范要求及现场调查情况，为充分体现样品的代表性，本次采集的样品数量为 100 个。

表 7-4　固体废物采集最小份样数

固体废物量（以 q 表示）/t	最小份样数 / 个	固体废物量（以 q 表示）/t	最小份样数 / 个
$q \leqslant 5$	5	$90 < q \leqslant 150$	32
$5 < q \leqslant 25$	8	$150 < q \leqslant 500$	50
$25 < q \leqslant 50$	13	$500 < q \leqslant 1\,000$	80
$50 < q \leqslant 90$	20	$q > 1\,000$	100

结合修复治理项目土壤污染状况的初步调查报告及现场状况，本次污染土壤属性鉴别采样采用网格加随机布点法进行采样点位和采样数量的选取。

根据委托方提供的资料，场地内污染较重的土壤已开挖并分别堆存在场地内、场地旁，本次将 2 个堆体分别划分为 8 个、24 个几何方格，堆存污染土壤采样示意如图 7-2 所示，分别随机抽取 4 个、13 个方格，每次采集时对网格内土壤按表层、底层采样，采样时将样品混合均匀后按照四分法制成 1 个混合样，每个网格内采 2 个混合样。堆存土壤一共采集 34 个混合样。

图 7-2　堆存污染土壤采样示意图

　　结合修复治理项目土壤污染状况的初步调查报告以及修复治理项目土壤污染状况的详查调查报告中的采样点位来选择地块内拟取样点位，重点选取报告中重金属含量较高的区域。相关工作人员在场地污染调查时发现部分区域点位采样深度达到 15 m，但考虑到该点位采集的样品重金属含量检测值均较低，按最不利原则折算后毒性物质含量的数值未超过标准限值，故本次鉴别采样未选取调查报告中的点位所在区域。由于地块东西方向由道路隔开，可将地块视为 2 个分区并按照均匀布点原则开展采样。将 2 个分区网格化后，在每个网格随机选取 1 个点位（部分网格为硬底化路面及办公楼区域，不设采样点），考虑场地调查时部分区域重金属含量较高，在该分区中增加 1 个采样点位，场地内共布设 13 个点位，一共采集 66 个样品。样品采集确定：含石块量较高时，按照 1.5～2 m 深度采集 1 个样品；含石块量较低时，按照 1 m 深度采集 1 个样品。采样时，钻至砂质层时停止下钻。具体采样点位情况如图 7-3 所示。

图 7-3　场地内污染土壤采样点位示意图

7.4.2　质量控制

①有效防止采样过程中的交叉污染。

②取样前，对取样设备进行清洁，与样品接触的采样工具重复利用时，在清洗后再使用。

③建立采样组自检制度，明确职责和分工。采样结束后均进行自检，检查内容包括采集样品个数、样品重量、样品标签、记录完整性和准确性。

④检测半挥发性有机物的样品采用棕色玻璃瓶采集，样品采集后用车载冰箱低温保存后运送。

⑤对样品采样过程进行拍照。

7.4.3　检测结果

7.4.3.1　腐蚀性检测结果

本次采集样品的腐蚀性检测结果如表 7-5 所示。

检测结果显示，本次 100 个样品的腐蚀性检测结果均未超出《危险废物鉴别标准　腐蚀性鉴别》（GB 5085.1—2007）的相应标准限值。

表 7-5　腐蚀性检测结果

序号	样品编号	腐蚀性 （pH，量纲一）	序号	样品编号	腐蚀性 （pH，量纲一）
1	1#-1	5.48	51	11#-3	4.81
2	1#-2	4.75	52	11#-4	5.22
3	1#-3	5.10	53	11#-5	4.93
4	1#-4	5.17	54	11#-6	5.03
5	1#-5	5.55	55	12#-1	5.00
6	2#-1	7.70	56	12#-2	4.02
7	2#-2	7.84	57	12#-3	4.07
8	2#-3	7.11	58	12#-4	4.07
9	2#-4	5.06	59	12#-5	4.40
10	2#-5	4.57	60	12#-6	4.49
11	3#-1	5.63	61	13#-1	8.71
12	3#-2	5.43	62	13#-2	8.45
13	3#-3	5.33	63	14#-1	8.24
14	3#-4	4.83	64	14#-2	7.88
15	4#-1	7.67	65	15#-1	7.68
16	4#-2	6.54	66	15#-2	8.42
17	4#-3	6.92	67	16#-1	8.24
18	4#-4	7.64	68	16#-2	8.53
19	4#-5	6.42	69	17#-1	8.63
20	4#-6	6.82	70	17#-2	9.62
21	5#-1	5.23	71	18#-1	6.45
22	5#-2	5.08	72	18#-2	5.93
23	5#-3	4.94	73	19#-1	8.14
24	5#-4	5.37	74	19#-2	7.84

序号	样品编号	腐蚀性（pH，量纲一）	序号	样品编号	腐蚀性（pH，量纲一）
25	5#-5	5.75	75	20#-1	8.16
26	5#-6	7.43	76	20#-2	6.79
27	6#-1	5.27	77	21#-1	4.81
28	6#-2	5.24	78	21#-2	7.24
29	6#-3	5.57	79	22#-1	5.68
30	6#-4	5.29	80	22#-2	7.44
31	7#-1	6.11	81	23#-1	4.92
32	7#-2	6.65	82	23#-2	5.25
33	7#-3	5.53	83	24#-1	6.22
34	7#-4	5.15	84	24#-2	8.16
35	8#-1	7.13	85	25#-1	8.09
36	8#-2	6.62	86	25#-2	5.80
37	8#-3	6.91	87	25#-3	5.56
38	8#-4	7.30	88	25#-4	5.84
39	9#-1	5.54	89	25#-5	8.26
40	9#-2	5.38	90	25#-6	7.88
41	9#-3	5.17	91	26#-1	7.19
42	9#-4	5.48	92	26#-2	8.10
43	10#-1	8.14	93	27#-1	8.20
44	10#-2	5.07	94	27#-2	8.55
45	10#-3	5.07	95	28#-1	5.01
46	10#-4	4.96	96	28#-2	4.92
47	10#-5	5.29	97	29#-1	8.46
48	10#-6	5.65	98	29#-2	5.46
49	11#-1	4.67	99	30#-1	8.43
50	11#-2	4.72	100	30#-2	7.79
标准限值		≥12.5 或 ≤2.0	标准限值		≥12.5 或 ≤2.0

7.4.3.2　浸出毒性检测结果

本次采集样品的浸出毒性检测结果如表 7-6 所示。

检测结果显示，本次 100 个样品的浸出毒性检测结果均未超出《危险废物鉴别标准　浸出毒性鉴别》（GB 5085.3—2007）的相应标准限值。

表 7-6　浸出毒性检测结果　　　　　　　　单位：mg/L

序号	样品编号	检测项目					
		镍	铅	总银	汞	砷	苯并（a）芘
1	1#-1	5.69×10^{-2}	未检出	未检出	未检出	3×10^{-4}	未检出
2	1#-2	0.109	未检出	未检出	未检出	未检出	未检出
3	1#-3	未检出	未检出	未检出	未检出	未检出	未检出
4	1#-4	2.84×10^{-2}	未检出	未检出	未检出	6.6×10^{-3}	未检出
5	1#-5	1.42×10^{-2}	9.59×10^{-3}	未检出	未检出	5×10^{-4}	未检出
6	2#-1	未检出	未检出	未检出	未检出	未检出	未检出
7	2#-2	未检出	未检出	未检出	未检出	3×10^{-4}	未检出
8	2#-3	未检出	未检出	未检出	未检出	4×10^{-4}	未检出
9	2#-4	未检出	1.03×10^{-2}	未检出	未检出	未检出	未检出
10	2#-5	未检出	7.52×10^{-3}	未检出	7×10^{-5}	未检出	未检出
11	3#-1	未检出	7.52×10^{-3}	未检出	未检出	4.3×10^{-3}	未检出
12	3#-2	未检出	7.52×10^{-3}	未检出	未检出	4.3×10^{-3}	未检出
13	3#-3	7.04×10^{-3}	7.52×10^{-3}	未检出	未检出	4.3×10^{-3}	未检出
14	3#-4	1.09×10^{-2}	7.52×10^{-3}	未检出	未检出	4.4×10^{-3}	未检出
15	4#-1	未检出	未检出	未检出	未检出	未检出	未检出
16	4#-2	未检出	未检出	未检出	未检出	未检出	未检出
17	4#-3	1.0×10^{-2}	未检出	未检出	未检出	未检出	未检出
18	4#-4	5.1×10^{-3}	未检出	未检出	未检出	未检出	未检出
19	4#-5	5.82×10^{-3}	未检出	未检出	未检出	未检出	未检出
20	4#-6	未检出	未检出	未检出	未检出	未检出	未检出
21	5#-1	未检出	未检出	未检出	未检出	未检出	未检出

序号	样品编号	检测项目					
		镍	铅	总银	汞	砷	苯并（a）芘
22	5#-2	未检出	未检出	未检出	未检出	未检出	未检出
23	5#-3	未检出	未检出	未检出	未检出	未检出	未检出
24	5#-4	未检出	6.70×10^{-3}	未检出	未检出	未检出	未检出
25	5#-5	未检出	5.37×10^{-3}	未检出	未检出	未检出	未检出
26	5#-6	未检出	未检出	未检出	未检出	未检出	未检出
27	6#-1	1.51×10^{-2}	4.39×10^{-3}	未检出	未检出	未检出	未检出
28	6#-2	未检出	未检出	未检出	未检出	未检出	未检出
29	6#-3	未检出	未检出	未检出	未检出	未检出	未检出
30	6#-4	未检出	未检出	未检出	未检出	未检出	未检出
31	7#-1	未检出	未检出	未检出	未检出	未检出	未检出
32	7#-2	未检出	未检出	未检出	未检出	4×10^{-4}	未检出
33	7#-3	未检出	未检出	未检出	未检出	未检出	未检出
34	7#-4	未检出	未检出	未检出	未检出	未检出	未检出
35	8#-1	未检出	未检出	未检出	未检出	4×10^{-4}	未检出
36	8#-2	未检出	未检出	未检出	未检出	7×10^{-4}	未检出
37	8#-3	未检出	未检出	未检出	未检出	未检出	未检出
38	8#-4	未检出	未检出	未检出	未检出	6×10^{-4}	未检出
39	9#-1	未检出	未检出	未检出	未检出	未检出	未检出
40	9#-2	未检出	未检出	未检出	未检出	未检出	未检出
41	9#-3	1.30×10^{-2}	5.31×10^{-3}	未检出	未检出	未检出	未检出
42	9#-4	4.68×10^{-3}	未检出	未检出	未检出	未检出	未检出
43	10#-1	未检出	未检出	未检出	未检出	未检出	未检出
44	10#-2	6.10×10^{-2}	未检出	未检出	未检出	未检出	未检出
45	10#-3	3.95×10^{-2}	未检出	未检出	未检出	未检出	未检出
46	10#-4	8.86×10^{-2}	未检出	未检出	未检出	未检出	未检出
47	10#-5	0.112	未检出	未检出	未检出	未检出	未检出
48	10#-6	4.01×10^{-2}	未检出	未检出	未检出	未检出	未检出

续表

序号	样品编号	检测项目					
		镍	铅	总银	汞	砷	苯并（a）芘
49	11#-1	未检出	未检出	未检出	未检出	未检出	未检出
50	11#-2	未检出	未检出	未检出	未检出	未检出	未检出
51	11#-3	未检出	未检出	未检出	未检出	未检出	未检出
52	11#-4	未检出	未检出	未检出	未检出	未检出	未检出
53	11#-5	未检出	5.84×10^{-3}	未检出	未检出	未检出	未检出
54	11#-6	5.80×10^{-3}	9.30×10^{-3}	未检出	未检出	未检出	未检出
55	12#-1	未检出	4.16×10^{-3}	未检出	未检出	未检出	未检出
56	12#-2	未检出	7.97×10^{-3}	未检出	未检出	未检出	未检出
57	12#-3	未检出	2.00×10^{-2}	未检出	未检出	未检出	未检出
58	12#-4	未检出	3.22×10^{-2}	未检出	未检出	未检出	未检出
59	12#-5	未检出	2.07×10^{-2}	未检出	未检出	5×10^{-4}	未检出
60	12#-6	7.40×10^{-3}	5.72×10^{-2}	未检出	未检出	1.0×10^{-3}	未检出
61	13#-1	未检出	未检出	未检出	未检出	4.9×10^{-3}	未检出
62	13#-2	未检出	未检出	未检出	未检出	5.1×10^{-3}	未检出
63	14#-1	未检出	未检出	未检出	未检出	未检出	未检出
64	14#-2	未检出	未检出	未检出	未检出	未检出	未检出
65	15#-1	未检出	未检出	未检出	未检出	未检出	未检出
66	15#-2	未检出	未检出	未检出	未检出	未检出	未检出
67	16#-1	未检出	未检出	未检出	4×10^{-5}	4×10^{-4}	未检出
68	16#-2	未检出	未检出	未检出	未检出	9×10^{-4}	未检出
69	17#-1	未检出	未检出	未检出	未检出	6×10^{-4}	未检出
70	17#-2	未检出	未检出	未检出	未检出	2.5×10^{-3}	未检出
71	18#-1	4.59×10^{-3}	未检出	未检出	未检出	未检出	未检出
72	18#-2	未检出	未检出	未检出	未检出	未检出	未检出
73	19#-1	未检出	未检出	未检出	未检出	未检出	未检出
74	19#-2	未检出	未检出	未检出	未检出	未检出	未检出
75	20#-1	未检出	未检出	未检出	未检出	未检出	未检出

序号	样品编号	检测项目					
		镍	铅	总银	汞	砷	苯并（a）芘
76	20#-2	未检出	未检出	未检出	未检出	未检出	未检出
77	21#-1	4.12×10^{-3}	未检出	未检出	未检出	未检出	未检出
78	21#-2	未检出	未检出	未检出	未检出	未检出	未检出
79	22#-1	0.105	未检出	未检出	未检出	1.2×10^{-3}	未检出
80	22#-2	未检出	未检出	未检出	未检出	7×10^{-4}	未检出
81	23#-1	5.45×10^{-2}	未检出	未检出	未检出	7×10^{-4}	未检出
82	23#-2	6.39×10^{-2}	未检出	未检出	未检出	4×10^{-4}	未检出
83	24#-1	未检出	未检出	未检出	未检出	未检出	未检出
84	24#-2	未检出	未检出	未检出	未检出	未检出	未检出
85	25#-1	未检出	2.34×10^{-2}	未检出	未检出	6×10^{-4}	未检出
86	25#-2	6.46×10^{-3}	未检出	未检出	未检出	未检出	未检出
87	25#-3	未检出	未检出	未检出	未检出	未检出	未检出
88	25#-4	未检出	未检出	未检出	未检出	未检出	未检出
89	25#-5	未检出	未检出	未检出	未检出	7×10^{-4}	未检出
90	25#-6	未检出	未检出	未检出	未检出	5×10^{-4}	未检出
91	26#-1	未检出	未检出	未检出	未检出	未检出	未检出
92	26#-2	未检出	未检出	未检出	未检出	7×10^{-4}	未检出
93	27#-1	未检出	未检出	未检出	未检出	未检出	未检出
94	27#-2	未检出	未检出	未检出	未检出	6×10^{-4}	未检出
95	28#-1	2.65×10^{-2}	未检出	未检出	未检出	未检出	未检出
96	28#-2	5.19×10^{-2}	未检出	未检出	未检出	5×10^{-4}	未检出
97	29#-1	未检出	未检出	未检出	未检出	1.2×10^{-3}	未检出
98	29#-2	未检出	未检出	未检出	未检出	4×10^{-4}	未检出
99	30#-1	未检出	未检出	未检出	未检出	2.4×10^{-3}	未检出
100	30#-2	未检出	未检出	未检出	未检出	7×10^{-4}	未检出
标准限值		5	5	5	0.1	5	0.000 3

7.4.3.3　毒性物质含量检测结果

本次采集样品的毒性物质含量检测结果如表 7-7 所示。

检测结果显示，本次 100 个样品的毒性物质含量检测结果均未超出《危险废物鉴别标准　毒性物质含量鉴别》（GB 5085.6—2007）的相应标准限值。

表 7-7　毒性物质含量检测结果

| 序号 | 样品编号 | 二氯化钴 | | 序号 | 样品编号 | 二氯化钴 | |
		检测值 /（mg/kg）	含量 /%			检测值 /（mg/kg）	含量 /%
1	1#-1	8.4	0.000 84	51	11#-3	15.4	0.001 54
2	1#-2	4.0	0.000 4	52	11#-4	13.9	0.001 39
3	1#-3	8.4	0.000 84	53	11#-5	19.8	0.001 98
4	1#-4	16.5	0.001 65	54	11#-6	8.1	0.000 81
5	1#-5	17.6	0.001 76	55	12#-1	19.8	0.001 98
6	2#-1	11.7	0.001 17	56	12#-2	17.6	0.001 76
7	2#-2	10.1	0.001 01	57	12#-3	15.4	0.001 54
8	2#-3	11.2	0.001 12	58	12#-4	15.4	0.001 54
9	2#-4	15.4	0.001 54	59	12#-5	15.4	0.001 54
10	2#-5	15.4	0.001 54	60	12#-6	11.0	0.001 1
11	3#-1	17.2	0.001 72	61	13#-1	10.4	0.001 04
12	3#-2	14.1	0.001 41	62	13#-2	7.9	0.000 79
13	3#-3	13.5	0.001 35	63	14#-1	3.1	0.000 31
14	3#-4	10.2	0.001 02	64	14#-2	2.9	0.000 29
15	4#-1	6.8	0.000 68	65	15#-1	8.8	0.000 88
16	4#-2	11.0	0.001 1	66	15#-2	3.5	0.000 35
17	4#-3	11.0	0.001 1	67	16#-1	28.7	0.002 87
18	4#-4	11.0	0.001 1	68	16#-2	21.0	0.002 1
19	4#-5	4.4	0.000 44	69	17#-1	46.3	0.004 63
20	4#-6	15.4	0.001 54	70	17#-2	25.6	0.002 56

| 序号 | 样品编号 | 二氯化钴 | | 序号 | 样品编号 | 二氯化钴 | |
		检测值 /（mg/kg）	含量 /%			检测值 /（mg/kg）	含量 /%
21	5#-1	15.4	0.001 54	71	18#-1	32.0	0.003 2
22	5#-2	13.2	0.001 32	72	18#-2	17.2	0.001 72
23	5#-3	17.6	0.001 76	73	19#-1	40.4	0.004 04
24	5#-4	15.4	0.001 54	74	19#-2	46.8	0.004 68
25	5#-5	9.5	0.000 95	75	20#-1	46.3	0.004 63
26	5#-6	3.1	0.000 31	76	20#-2	40.3	0.004 03
27	6#-1	34.4	0.003 44	77	21#-1	19.8	0.001 98
28	6#-2	24.2	0.002 42	78	21#-2	45.8	0.004 58
29	6#-3	19.8	0.001 98	79	22#-1	40.3	0.004 03
30	6#-4	15.4	0.001 54	80	22#-2	4.2	0.000 42
31	7#-1	11.0	0.001 1	81	23#-1	45.4	0.004 54
32	7#-2	9.0	0.000 9	82	23#-2	3.1	0.000 31
33	7#-3	12.4	0.001 42	83	24#-1	57.2	0.005 72
34	7#-4	11.0	0.001 1	84	24#-2	45.4	0.004 54
35	8#-1	13.2	0.001 32	85	25#-1	50.9	0.005 09
36	8#-2	8.1	0.000 81	86	25#-2	35.2	0.003 52
37	8#-3	10.4	0.001 04	87	25#-3	22.0	0.002 2
38	8#-4	1.5	0.000 15	88	25#-4	28.6	0.002 86
39	9#-1	13.2	0.001 32	89	25#-5	13.0	0.001 3
40	9#-2	15.4	0.001 54	90	25#-6	15.4	0.001 54
41	9#-3	22.5	0.002 25	91	26#-1	2.7	0.000 27
42	9#-4	7.9	0.000 79	92	26#-2	4.9	0.000 49
43	10#-1	19.4	0.001 94	93	27#-1	52.8	0.005 28
44	10#-2	64.2	0.006 42	94	27#-2	24.9	0.002 49
45	10#-3	85.1	0.008 51	95	28#-1	31.1	0.003 11
46	10#-4	43.6	0.004 36	96	28#-2	49.4	0.004 94

序号	样品编号	二氯化钴		序号	样品编号	二氯化钴	
		检测值 / （ mg/kg ）	含量 / %			检测值 / （ mg/kg ）	含量 / %
47	10#-5	28.2	0.002 82	97	29#-1	94.6	0.009 46
48	10#-6	26.7	0.002 67	98	29#-2	22.0	0.002 2
49	11#-1	7.1	0.000 71	99	30#-1	32.4	0.003 24
50	11#-2	12.8	0.001 28	100	30#-2	65.5	0.006 55
标准限值		—	0.1	标准限值		—	0.1

7.4.4　结论

本次污染地块土壤危险特性鉴别工作严格依据《危险废物鉴别技术规范》（HJ 298—2019）、《危险废物鉴别标准　腐蚀性鉴别》（ GB 5085.1—2007）、《危险废物鉴别标准　急性毒性初筛》（ GB 5085.2—2007）、《危险废物鉴别标准　浸出毒性鉴别》（ GB 5085.3—2007）、《危险废物鉴别标准　易燃性鉴别》（ GB 5085.4—2007）、《危险废物鉴别标准　反应性鉴别》（ GB 5085.5—2007）、《危险废物鉴别标准　毒性物质含量鉴别》（ GB 5085.6—2007）和《危险废物鉴别标准　通则》（ GB 5085.7—2019）等标准和技术规范进行，分别从腐蚀性、急性毒性、浸出毒性、易燃性、反应性、毒性物质含量 6 个方面进行分析论证，并进行相应的采样和检测分析工作。结合现场勘查、资料分析及检测结果进行综合判定，结果表明本次所鉴别的污染地块土壤不具有腐蚀性、急性毒性、浸出毒性、易燃性、反应性及毒性物质含量危险特性，不属于危险废物。

7.5　小结

根据《固体废物鉴别标准　通则》（ GB 34330—2017）"4.3 环境治理和污染控制过程中产生的物质"中"m）在污染地块修复、处理过程中，采用下列任何一种方式处置或利用的污染土壤：1）填埋；2）焚烧；3）水泥窑协同处置；4）生产砖、瓦、筑路材料等其他建筑材料"属于固体废物，本次鉴别的污染土壤拟外运处置，满足上述固体废物属性判定标准，故本次鉴别的物质属于固体废物。经查阅相关资料，本次鉴别的污染土壤未纳入《国家危险废物名录》。

为确定本次固体废物危险特性鉴别的检测项目，根据该地块修复治理项目土壤污染状况的初步调查报告及修复治理项目土壤污染状况的详查调查报告中对土壤污染情况进行的调查结果，分析土壤可能存在的危险特性。经综合分析固体废物产生过程生产工艺、原辅材料、产生环节和主要危害成分，再结合相关调查结果，可以判断本次鉴别的污染土壤不具有反应性、易燃性和急性毒性危险特性。本次危险特性鉴别主要考虑腐蚀性、浸出毒性和毒性物质含量，根据检测结果判断污染土壤不属于危险废物。

在进行此类污染地块土壤危险特性鉴别时，应根据污染地块污染物的环境调查结果，对不同污染类型（如有机污染类型、重金属污染类型、复合污染类型等）的污染土壤进行分类采样。由于需分类、分区域采样，份样数往往低于《危险废物鉴别技术规范》（HJ 298—2019）规定的最小份样数，如检测结果中超标份样数大于或者等于1个，即可判定该污染土壤具有该种危险特性。若份样数符合《危险废物鉴别技术规范》（HJ 298—2019）规定的最小份样数要求，如部分采样点位出现样品超标现象，从固体废物的合法合规管理角度考虑，建议以该点位所属网格为边界划出属于危险废物的范围，该范围内的污染土壤按危险废物进行管理和处置。在筛选检测因子时，是仅考虑土壤超标污染物，还是需将其他与危险废物鉴别标准中相关的污染物指标均纳入筛查范围，值得探讨。

第8章

存在问题及展望

8.1　存在问题分析及总结

（1）《国家危险废物名录》不够完善

《国家危险废物名录》是危险特性鉴别工作的重要依据，但是在实际危险废物鉴别过程中，往往存在灵活性不足的问题。一是豁免制度有待完善，如《国家危险废物名录（2021 年版）》（以下简称《名录》）对"900-451-13 采用破碎分选方式回收废覆铜板、线路板、电路板中金属后的废树脂粉"在运输和处置环节实施豁免制度，但是在实际突发环境事件工作中涉及的废树脂粉采用《固体废物　浸出毒性浸出方法　硫酸硝酸法》（HJ/T 299—2007）制备的浸出液中危害成分浓度未出现超过《危险废物鉴别标准　浸出毒性鉴别》（GB 5085.3—2007）标准限值的情况，由于处置环节中进入生活垃圾填埋场需满足按照《固体废物　浸出毒性浸出方法　醋酸缓冲溶液法》（HJ/T 300—2007）制备的浸出液中危害成分浓度符合《生活垃圾填埋场污染控制标准》（GB 16889—2008）的要求，而废树脂粉通常无法达到处置环节的豁免要求，使得此类废物处置成本大大增加，也给此类废物监管带来较大压力。二是豁免清单不足，《名录》虽然对部分危险废物实施豁免并且不按照危险废物管理，但是对医药方面等危险废物产生量较大的行业未建立科学的豁免制度，部分可作为企业的原辅料或综合利用的危险废物一旦符合《名录》就会被严格管理，在给危险废物监管带来压力的同时，也会造成资源浪费，并与固体废物的"减量化、资源化、无害化"原则相违背。

（2）危险废物鉴别标准不够完善

一是现行鉴别标准的指标不够全面，目前现行的《危险废物鉴别标准》（GB 5085.1～6）均为 2007 年修订，仅在 2019 年修订并发布了《危险废物鉴别标准　通则》（GB 5085.7—2019），由于危险废物种类不断增加，现行的鉴别标准出现了一些局限性，难以适应因经济社会的快速发展所导致的固体废物类别和污染特性快速变化的现状，无法满足实际的危险废物鉴别需求。如现行的《危险废物鉴别标准》缺乏针对抗生素、激素等存在较大人体健康风险的污染物的相应标准限值。在土壤场地修复项目涉及固体废物鉴别时，由于土壤污染调查与危险废物鉴别标准体系不一致，部分超过管控值的指标未纳入现行的《危险废物鉴别标准》，以及样品采集方法的差异等，会导致实际危险特性鉴别工作中出现一定的疏漏。目前我国仅制定了腐蚀性、急性毒性、浸出毒性、毒性物质含量、易燃性和反应性的危险废物鉴别标准，缺少感染性危险特性的鉴别标准，从而限制了危险废物的属性判定工作等。二是缺乏相关指标的检测方法，《危险废物鉴别标准　毒性物质含量鉴别》（GB 5085.6—2007）附录中的毒性物质大多缺乏具体的检测方法，如氟化物、氰化物、重金属化合物等物质，无法直接测定具体毒性物质的含量，只能通过测定氟离子、氰根离子和对应重金属的值后采用分子量折算方法来测定具体毒性物质含量，因此导致最终测定结果具有较大的不确定性。

（3）危险特性鉴别程序有待优化

如《危险废物鉴别技术规范》（HJ 298—2019）中 7.4 条规定，在进行毒性物质含量危险特性判断时，当同一种毒性成分在一种以上毒性物质中存在时，以分子量最高的物质进行计算和结果判断。但是在实际工作过程中涉及毒性物质筛选时，危险特性鉴别单位往往未充分进行分析论证，而是针对检测出的无机元素均筛选出对应的毒性物质进行后续检测，导致危险特性鉴别工作中存在过度检测现象，同时也会出现将本不具有危险特性的固体废物鉴别成危险废物的情况。

（4）危险特性鉴别管理有待进一步加强

2021 年年底，全国危险废物鉴别信息公开服务平台已开通运行（https://gfmh.meescc.cn）。但是由于缺乏有效的管理，各危险废物鉴别单位技术水平参差不齐，在一定程度上影响了危险特性鉴别结果的可靠性和真实性。主要表现为危险特性筛选过程不够完善，毒性物质鉴别指标筛选缺乏依据、鉴别结论错误，样品采集方法不规范等。

8.2　展望与建议

（1）加强部门协作机制建设，强化危险废物环境监管工作

各级生态环境主管部门应将危险废物鉴别工作全过程纳入日常监管范围，开展危险废物规范化环境管理评估工作，定期检查企业是否严格执行危险废物鉴别报告中相关要求，强化跨部门协作、联合执法，会同司法部门严厉打击固体废物非法转移、非法处置利用等环境违法行为，提高企业依法处理处置固体废物的意识。针对环境事件涉及的固体废物鉴别案件"时间紧、任务重"等特点，生态环境主管部门应会同公安、检察等部门建立完善的工作协调机制，实现全过程监督和指导，科学、精准、高效推动危险废物鉴别工作。

（2）建立完善的《国家危险废物名录》动态修订工作机制

一是建立常态化的修订工作机制，定期或不定期征集各方关于《国家危险废物名录》修订的意见，并建立《国家危险废物名录》修订意见库。生态环境主管部门可以就修订意见库中反映较多、影响较大以及亟须解决的问题委托相关科研机构进行调查核实和充分论证工作，形成系统的研究报告，作为《国家危险废物名录》修订工作的技术依据。二是强化动态管理的频次，保证修订意见的及时颁布，确保修订内容具有较强的针对性，从而保持《国家危险废物名录》的科学性和可靠性。三是建立危险废物大数据库，生态环境主管部门应充分发挥全国危险废物鉴别信息公开服务平台的作用，整合各类危险废物鉴别成果，为《国家危险废物名录》的修订工作及日常危险废物管理工作提供科学有效的数据支撑。

（3）有序推进《危险废物鉴别标准》修订工作

面对危险废物管理工作新形势，原有的危险废物鉴别标准体系已难以适应新的危险废物鉴别需求。一是补充完善鉴别指标，建议尽快推进《危险废物鉴别标准》（GB 5085.1～6）的修订工作，充分考虑当前新污染物

及对人体和环境健康造成风险的物质的危险特性，进一步完善危险废物鉴别标准。二是进一步完善鉴别标准体系，建议相关部门积极组织相关科研单位推进感染性危险特性的鉴别标准编制工作，支撑危险特性的判定工作。

（4）加强危险废物鉴别技术研发工作

建议完善危险废物鉴别指标的检测方法，鼓励有相关研究基础的科研单位以及高校开展《危险废物鉴别标准　毒性物质含量鉴别》（GB 5085.6—2007）中毒性物质指标的检测技术、方法研究工作，为更好地提升危险废物鉴别工作水平提供技术支撑。